essentials

essentials liefern aktuelles Wissen in konzentrierter Form. Die Essenz dessen, worauf es als „State-of-the-Art" in der gegenwärtigen Fachdiskussion oder in der Praxis ankommt. *essentials* informieren schnell, unkompliziert und verständlich

- als Einführung in ein aktuelles Thema aus Ihrem Fachgebiet
- als Einstieg in ein für Sie noch unbekanntes Themenfeld
- als Einblick, um zum Thema mitreden zu können

Die Bücher in elektronischer und gedruckter Form bringen das Expertenwissen von Springer-Fachautoren kompakt zur Darstellung. Sie sind besonders für die Nutzung als eBook auf Tablet-PCs, eBook-Readern und Smartphones geeignet. *essentials:* Wissensbausteine aus den Wirtschafts-, Sozial- und Geisteswissenschaften, aus Technik und Naturwissenschaften sowie aus Medizin, Psychologie und Gesundheitsberufen. Von renommierten Autoren aller Springer-Verlagsmarken.

Weitere Bände in der Reihe http://www.springer.com/series/13088

Hans Paetz gen. Schieck

Spin – Was ist das eigentlich?

Ein abstrakter quantenmechanischer Begriff, experimentelle Nachweise und Anwendungen

 Springer Spektrum

Hans Paetz gen. Schieck
Institut für Kernphysik
Universität zu Köln
Köln, Deutschland

ISSN 2197-6708 ISSN 2197-6716 (electronic)
essentials
ISBN 978-3-658-31359-3 ISBN 978-3-658-31360-9 (eBook)
https://doi.org/10.1007/978-3-658-31360-9

Die Deutsche Nationalbibliothek verzeichnet diese Publikation in der Deutschen Nationalbibliografie; detaillierte bibliografische Daten sind im Internet über http://dnb.d-nb.de abrufbar.

© Der/die Herausgeber bzw. der/die Autor(en), exklusiv lizenziert durch Springer Fachmedien Wiesbaden GmbH, ein Teil von Springer Nature 2020
Das Werk einschließlich aller seiner Teile ist urheberrechtlich geschützt. Jede Verwertung, die nicht ausdrücklich vom Urheberrechtsgesetz zugelassen ist, bedarf der vorherigen Zustimmung des Verlags. Das gilt insbesondere für Vervielfältigungen, Bearbeitungen, Übersetzungen, Mikroverfilmungen und die Einspeicherung und Verarbeitung in elektronischen Systemen.
Die Wiedergabe von allgemein beschreibenden Bezeichnungen, Marken, Unternehmensnamen etc. in diesem Werk bedeutet nicht, dass diese frei durch jedermann benutzt werden dürfen. Die Berechtigung zur Benutzung unterliegt, auch ohne gesonderten Hinweis hierzu, den Regeln des Markenrechts. Die Rechte des jeweiligen Zeicheninhabers sind zu beachten.
Der Verlag, die Autoren und die Herausgeber gehen davon aus, dass die Angaben und Informationen in diesem Werk zum Zeitpunkt der Veröffentlichung vollständig und korrekt sind. Weder der Verlag, noch die Autoren oder die Herausgeber übernehmen, ausdrücklich oder implizit, Gewähr für den Inhalt des Werkes, etwaige Fehler oder Äußerungen. Der Verlag bleibt im Hinblick auf geografische Zuordnungen und Gebietsbezeichnungen in veröffentlichten Karten und Institutionsadressen neutral.

Planung/Lektorin: Margit Maly
Springer Spektrum ist ein Imprint der eingetragenen Gesellschaft Springer Fachmedien Wiesbaden GmbH und ist ein Teil von Springer Nature.
Die Anschrift der Gesellschaft ist: Abraham-Lincoln-Str. 46, 65189 Wiesbaden, Germany

Was Sie in diesem *essential* finden können

- Wie aufregend die Zwanziger- und Dreißigerjahre in der Physik waren.
- Wie mühsam das Ringen um die neuen (die richtigen) Konzepte der Quantenmechanik und die Verabschiedung von Vorstellungen der klassischen Physik, aber auch von denen der frühen Quantenvorstellungen wie z. B. des Bohrschen Atommodells war (bzw. noch ist?).
- Wie eine Idee erst reifen muss, bevor sie sich durchsetzt: Bereits der Stern-Gerlach-Versuch hätte die Idee des Spins realisieren können. Stattdessen dauerte das mehrere Jahre.
- Die Autoren des Stern-Gerlach-Experiments hätten zweifellos den Nobelpreis verdient. Otto Stern erhielt ihn allein für die Atomstrahlmethode und das magnetische Moment des Protons. Die Entdecker des Elektronenspins erhielten den Preis ebenfalls nicht, sondern Heisenberg, der den Begriff auf deren Beobachtungen anwandte.
- Wie durch einen einzigen „Gedankenblitz" plötzlich eine Vielzahl leichter Nichtübereinstimmungen mit experimentellen Fakten zurechtgerückt wird.

I believe in intuition and inspiration. Imagination is more important than knowledge. For knowledge is limited, whereas imagination embraces the entire world, stimulating progress, giving birth to evolution. It is, strictly speaking, a real factor in scientific research.

Albert Einstein in:
Cosmic Religion and Other Opinions and Aphorisms
Dover Publications 2009 (first published 1931)

Inhaltsverzeichnis

Abbildungsverzeichnis

Einleitung

Die Entdeckung des Spins des Elektrons, aber auch anderer Teilchen ist eng mit der Entwicklung der Quantenmechanik zu Beginn des zwanzigsten Jahrhunderts verbunden. Diese Entwicklung war – wie meist in der Physik – ausgelöst durch Diskrepanzen zwischen Beobachtungen und „alten" theoretischen Vorstellungen. Die optischen Spektren des einfachsten Atoms, denen des Wasserstoffs, aber auch der wasserstoffähnlichen Spektren von Alkali-Atomen wie Natrium, sind ein Beispiel. Das halbklassische Bohrsche Atommodell gab die Grobstruktur der Spektren ungefähr korrekt wieder, im Detail blieb es auch nach einer relativistischen Erweiterung durch Sommerfeld inkorrekt und durch ad-hoc-Annahmen wie z. B. der Strahlungslosigkeit der Umläufe der Elektronen um den Kern unbefriedigend. Erst die korrekte Quantenmechanik und deren Erweiterungen lösten die Probleme. Deshalb soll in diesem Büchlein auf die immer noch übliche Darstellung der „alten" Modelle verzichtet werden. Als Beispiele für die historische Entwicklung des Spinkonzeptes werden in diesem Büchlein nur die einfachsten Fälle ausgeführt: Atome mit nur einem relevanten Elektron sowie Kerne mit nur einem Nukleon außerhalb geschlossener Schalen. Es wird in diesem Buch konsequent darauf verzichtet, semiklassische Vorstellungen zu diskutieren, wie sie leider noch öfter anzutreffen sind. Begriffe wie das „Bohrsche Atommodell", „magnetisches Moment des Kreisstroms umlaufender Elektronen" etc., auch wenn sie anschaulicher erscheinen als die korrekte quantenmechanische Formulierung, werden nur zum Vergleich vorkommen. In einer Zeit ca. 100 Jahre nach deren Einführung ist es angebracht, sich an die korrekten Begriffe zu gewöhnen, zumal Konsequenzen wie z. B. die von Einstein so genannte „spukhafte Fernwirkung" durch *Verschränkung* von Zuständen sich als real erwiesen haben.

H. Paetz gen. Schieck, *Spin – Was ist das eigentlich?*, essentials, https://doi.org/10.1007/978-3-658-31360-9_1

Ein wichtiger Punkt, auch für den Nachweis der Existenz und der Größe von Spins, ist die Tatsache, dass Spins s^1 von elementaren wie zusammengesetzten Teilchen i.a. mit *magnetischen Momenten* μ verbunden und diese einander proportional sind $\mu \propto s$. Dass diese Frage nicht trivial ist, ist schon daran erkennbar, dass auch für ungeladene, vermutlich punktförmige Teilchen sehr kleiner, bisher noch unbestimmter Masse, aber mit Spin, wie die verschiedenen Arten („Flavors") von *Neutrinos* magnetische Momente nicht ausgeschlossen werden können und daher in aufwendigen Experimenten nach solchen gesucht wird.

Naturgemäß kann ein Buch wie das vorliegende nicht alle denkbaren Aspekte des Themas im Detail behandeln. Wir empfehlen daher im Literaturverzeichnis die Literatur zum Weiterlesen, z. B. das sehr detaillierte Werk [TOM97].

---

[1] In diesem Buch werden Vektor- und Tensorgrößen durch Fettdruck bezeichnet.

Historisch-Biographisches zu den „Entdeckern" des Spin

2

Das Jahr 1925 gilt als das Jahr der Entdeckung das Spins – wir feiern also ein fast hundertjähriges Jubiläum. Es ist also Zeit, eine Popularisierung dieses extrem wichtigen Begriffs bzw. Phänomens zu versuchen. Das ist nicht einfach, weil der Spin klassisch nicht zu erklären ist, sondern nur im Rahmen der (unanschaulichen) Quantenmechanik. Er gehört zu den Phänomenen, auf deren Existenz und genaue Eigenschaften niemand durch reines Nachdenken verfallen wäre, sondern die sich durch sorgfältiges Experimentieren und Beobachtung erschlossen haben. Die Bedeutung des Spins ist deshalb so groß, weil nur mit ihm z. B. das länger bekannte Periodensystem der chemischen Elemente und deren Systematik plötzlich deutbar wurden – und damit der Aufbau der uns umgebenden Welt. Nach außen weniger deutlich gilt das auch für das analoge Schalenmodell der Atomkerne.

Das Schlüsselexperiment zur Entdeckung des Spins wäre sicher das Stern-Gerlach-Experiment von 1920–1922. Da die Quantelung des (Bahn-)Drehimpulses z. B. aus dem Bohrschen Atommodell bekannt war, lag es nahe, die Ergebnisse dieses Experiments zunächst damit zu deuten. Erstaunlicherweise dauerte es fünf Jahre, bis sich mit der Entdeckung des Zeeman-Effekts in optischen Spektren durch Goudsmit und Uhlenbeck die Erkenntnis durchsetzte, dass man einen neuen Freiheitsgrad entdeckt hatte, der zwar viele Eigenschaften des gequantelten Drehimpulses zeigte, aber als eine Art „Eigendrehimpuls" von Teilchen wie dem Elektron interpretiert werden musste. Diese bis heute irritierende Eigenschaft kann aber nicht als eine (klassische) Rotation – die bei quasi-punktförmigen Teilchen gar nicht denkbar ist – interpretiert werden. Zu den merkwürdigen Eigenschaften des Spins gehört u. a. die mögliche Halbzahligkeit des Spins, d. h. (im Gegensatz zum Bahndrehimpuls, der nur in ganzzahligen Vielfachen von $\hbar$ vorkommt) dass der Spin auch Werte des

© Der/die Herausgeber bzw. der/die Autor(en), exklusiv lizenziert durch Springer Fachmedien Wiesbaden GmbH, ein Teil von Springer Nature 2020
H. Paetz gen. Schieck, *Spin – Was ist das eigentlich?*, essentials,
https://doi.org/10.1007/978-3-658-31360-9_2

Vielfachen von $1/2\,\hbar$ haben kann, für das Elektron und die Nukleonen Proton und Neutron gerade $1/2\,\hbar$.[1]

Das Stern-Gerlach-Experiment ist so fundamental, dass es völlig unverständlich ist, dass die Autoren dafür nie den Nobelpreis (NP) erhielten. Otto Stern erhielt ihn 1943 für eine andere Arbeit (s. u.). Leben und Werk von Otto Stern werden u. a. in einer neueren Biographie gewürdigt [SCH11].

Die wichtigsten Personen in diesem Zusammenhang sind:

Walter Gerlach (1889–1979)

Er und Otto Stern entdeckten die Wirkung eines inhomogenen Magnetfeldes auf einen Silber-Atomstrahl und hätten eigentlich schon den Spin des Elektrons entdecken können.

Otto Stern (1888–1969)

Die Atomstrahlmethode und die Messung des magnetischen Moments des Protons 1933 brachten ihm den Nobelpreis 1943.

Werner K. Heisenberg (1901–1976)

Er hat als Erster die Idee eines Spins des Elektrons postuliert, was ihm zusammen mit seiner „Quantenmechanik" von 1925 den Nobelpreis 1932 eingetragen hat.

Samuel Abraham Goudsmit (1902–1978)

Er und George Uhlenbeck erklärten die Dubletts in Alkalispektren durch den Elektronenspin über eine Spin-Bahn-Wechselwirkung.

George Eugene Uhlenbeck (1900–1988)

Sie hatten Zweifel, ob das Konzept des Spins richtig sein konnte, und – zum Glück – war es schon zu spät, die relevante Publikation noch zurückzurufen.

Llewellyn H. Thomas (1903–1992)

Ein fehlender Faktor 2 in der Stärke der Feinstrukturaufspaltung wurde von ihm in einer schwierigen klassisch-

---

[1] Die Benennung eines Drehimpulses erfolgt dann unter Einschluss von $\hbar$, wenn der genaue Wert genannt werden soll, sonst meist ohne $\hbar$, d. h. unter der Nennung der entsprechenden Quantenzahl allein.

David Mathias Dennison (1900–1976)

Wolfgang Pauli (1900–1958)

Paul A.M. Dirac (1902–1984)

relativistischen Rechnung bewiesen und damit diese in volle Übereinstimmung mit der Beobachtung gebracht.

Er hatte als Erster die Idee, dass beim Wasserstoffmolekül die spezifische Wärmekapazität bei Zimmertemperatur der einer statistischen Mischung von Ortho- und Para-Wasserstoff entsprach, weil Übergänge zwischen beiden extrem langsam verlaufen und diese Mischung im Verhältnis 1:3 – auch in den Rotationsspektren des Moleküls erkennbar – auch das Verhalten bei niedriger Temperatur nur mit einem Spin 1/2 der Protonen erklärbar ist.

Er hatte die Idee, dass man zur Beschreibung von Atomen und des Periodensystems der Elemente einen vierten Parameter (Quantenzahl) bräuchte, lehnte aber die Idee des Spin als Erklärung dafür lange ab. Nebenbei erfand er 1925 das Ausschließungsprinzip, die Pauli-Spinmatrizen und den Zusammenhang zwischen Spin und Statistik, verschieden für Fermionen und Bosonen. Nobelpreis 1945.

Er ersetzte 1928 die Schrödingergleichung durch die relativistisch korrekte Dirac-Gleichung, die den Spin und den g-Faktor eines Fermions und gleichzeitig seines Antiteilchens richtig beschreibt. Nobelpreis 1933.

Experimentelle Hinweise auf den Spin   3

3.1   Das Stern-Gerlach-Experiment

Otto Stern und Walter Gerlach schickten an der Universität Frankfurt einen Strahl
von Silberatomen im Vakuum durch ein stark inhomogenes Magnetfeld in z-
Richtung. Auf einer Glasplatte fingen sie die Atome auf. Das Prinzip des Experiments zeigt die Abb. 3.1. Das Ergebnis überraschte in mehrfacher Hinsicht. Unter
der Annahme, dass die Atome ein magnetisches Dipolmoment μ besäßen, das für
alle Atome aber in alle Raumrichtungen gleichförmig ausgerichtet sei, erwartete
man eine Kraftwirkung des Magnetfeldes in beliebigen Raumrichtungen, in diesem
Fall je nach Orientierung des einzelnen Moments eine Verschmierung (Verbreite-
rung) des Bildes z. B. in z-Richtung. Klassisch hat ein magnetisches Moment μ
in einem Magnetfeld B die Energie $W = \mu \cdot B = |\mu||B| \cos(\mu, B)$, und auf ein
magnetisches Moment („Stabmagnet") μ wirkt in einem inhomogenen Magnetfeld
B eine Kraft

$$F = (\mu \cdot B) = |\mu||\nabla B| \cos(\mu, B) \qquad (3.1)$$

bzw. in der z-Richtung, der Richtung des Magnetfeldes bzw. des Feldgradienten

$$F_z = |\mu| \frac{\partial B_z}{\partial z} \cos(\mu, B_z). \qquad (3.2)$$

Stattdessen erfolgte offenbar in der Richtung des Feldgradienten eine Aufspaltung
in zwei getrennte Spuren, also eine Form von „Quantelung" anstelle eines Konti-
nuums von Zuständen. Das Ergebnis dieses Experiments kam für die Experimen-
tatoren vollkommen überraschend. Es war mit den Denkgewohnheiten der klassischen Physik nicht zu erklären und liefert damit einen der ersten „Beweise" für die
Quantennatur mikroskopischer Systeme. Wie viele heute bekannte Erscheinungen

© Der/die Herausgeber bzw. der/die Autor(en), exklusiv lizenziert durch Springer   7
Fachmedien Wiesbaden GmbH, ein Teil von Springer Nature 2020
H. Paetz gen. Schieck, *Spin – Was ist das eigentlich?*, essentials,
https://doi.org/10.1007/978-3-658-31360-9_3

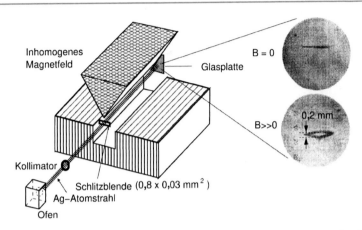

Abb. 3.1 Ein kollimierter Silber-Atomstrahl aus einem Ofen, dessen Atome eine Geschwin-
digkeitsverteilung (z. B. aus einer Maxwell-Boltzmann-Verteilung abgeleitet) besitzen und der
durch ein stark inhomogenes Magnetfeld läuft, würde klassisch nur einen verschmierten Fleck
auf der Glasplatte erzeugen. Stattdessen beobachteten Stern und Gerlach zwei gut getrennte
Streifen, die durch Ablenkungen nach oben bzw. unten zustandegekommen waren, also zwei
verschiedene Sorten von Silberatomen. Die Bilder rechts entstammen der Originalarbeit der
Autoren

quantenmechanischer Systeme widerspricht das Ergebnis unseren Alltagserfahrun-
gen. In diesem Sinne ist noch immer fraglich, wieweit man die Quantenmechanik in
einem tieferen Sinne „verstehen" kann (Stichwörter: „spukhafte, instantane Fernwirkung", „Verschränkung", „Doppelspalt-Experiment" u.v.a.). Es gibt ein berühmtes
Zitat von Richard Feynman: „...kann ich mit Sicherheit behaupten, dass niemand
die Quantenmechanik versteht" [FEY67]. Es bleibt die Frage, inwieweit „verstehen"
lernen auch bedeutet: „sich daran gewöhnen".

Mangels einer tieferen Begründung nannte man das Phänomen „Richtungsquantelung" (seit dem Bohrschen Atommodell waren verschiedene Arten von Quantelung gefunden und ohne gute Begründungen akzeptiert worden: z.B. die Energieniveaus und der Bahndrehimpuls der Elektronen im Wasserstoff-Atom). Erstaunlicherweise hätte man schon hieraus auf einen neuen Freiheitsgrad Spin, nämlich den
Spin des Elektrons in der Hülle des Silberatoms, schließen können, was erst deutlich später geschah. Referenzen sind: [GER21, GER22]. Hier sei vorweggenom-
men, dass das Silberatom ($^{107,109}_{47}$Ag) ein 1 s-Elektron außerhalb der geschlossenen 4d-Elektronenschale besitzt (Genaueres s. u.), dessen Spin (oder: magnetisches
Moment) mit dem inhomogenen äußeren Magnetfeld wechselwirkt, in diesem Fall

nicht nur eine Aufspaltung des Energieniveaus des Elektrons, sondern auch eine Kraft erfährt, die die zwei Teilstrahlen auseinandertreibt.

3.2 Die Feinstruktur optischer Spektren – Goudsmit und Uhlenbeck

Wesentliche Hinweise auf die Struktur der Atome, speziell des Wasserstoffatoms als des einfachsten Atoms, wurden zuerst in optischen Spektren gewonnen. Bei diesen werden die Atome „angeregt", d. h. es wird ihnen Energie zugeführt (durch Licht, durch Atomstöße in Gasentladungen etc.), was in der an der Mechanik orientierten Vorstellung des alten *Bohrschen Atommodells* einem Springen der Elektronen auf höhere Bahnen entsprach. Bei der Abregung emittierten die Elektronen dann Licht mit Wellenlängen λ, die der Energiedifferenz zweier Bahnen $h\Delta\nu = hc/\lambda$ entsprachen. Diese optischen Spektren wurden in Spektrographen (die entweder die Wellenlängenabhängigkeit der Lichtbrechung in Glasprismen oder der Beugung an feinen Gittern ausnützen) gewonnen. Das einfachste Beispiel ist das Linienspektrum der *Balmer-Serie* des Wasserstoffatoms, das „grob" durch das Bohrsche Modell oder spätere Verfeinerungen durch Sommerfeld erklärt werden konnte. Bei genauerer Betrachtung zeigten sich aber unerklärte Abweichungen von den einfachen Modellen. Auch die ab 1924 v.a. durch Heisenberg und Schrödinger u.v.a. entwickelte *Quanten- bzw. Wellenmechanik,* die sich als die fundamental richtige, heute noch gültige Beschreibung aller Quantenphänomene erwiesen, konnte diese Komplikationen erst durch spätere Erweiterungen *(Dirac-Theorie, Quantenelektrodynamik)* beschreiben.

Worin bestanden diese experimentell nachgewiesenen Diskrepanzen? Die Linien der Elektronen-Übergänge in den Spektren wiesen bei hoher Auflösung der Spektrometer Feinstrukturen auf, d. h. sie bestanden teilweise aus Mehrfachlinien, entsprechend einer kleinen Aufspaltung der bekannten Energieniveaus. Ein bekanntes Beispiel ist eine sehr helle gelbe Spektrallinie des Natriums, die die Färbung einer Flamme beim Einstreuen von Kochsalz bestimmt. Beim Wasserstoff und den Alkalimetallen sind es Dubletts, bei den Erdalkalien zwei Systeme von Singuletts und Tripletts. Vor der Entdeckung des Spins gab es langwierige Diskussionen über die Deutung der Feinstrukturen zwischen Sommerfeld, Landé und Pauli, die jeweils verschiedene Modelle für die Wechselwirkung zwischen Atomkern, Leuchtelektron und „Rumpf-"Elektronen (den übrigen Elektronen bei Atomen mit Z>1) vorschlugen. Keines der Modelle konnte alle Beobachtungen richtig deuten.

Die richtige Erklärung lieferten 1925 die Physiker Goudsmit und Uhlenbeck, indem sie postulierten, dass die Elektronen – nicht nur in den Atomen, sondern als

„Elementarteilchen" – einen Eigendrehimpuls besäßen, den *SPIN*. Das ist insofern problematisch, als Elektronen bis heute als punktförmig gelten und der Spin damit nicht klassisch zu verstehen ist (ein mathematischer Punkt kann nicht rotieren). Die Übereinstimmung mit den beobachteten Spektren ließ sich nur herstellen, wenn man annahm, dass der Spin des Elektrons den halbzahligen Wert $1/2\,\hbar$ hatte – später ergab sich die Möglichkeit der Halbzahligkeit für alle Teilchen mit Spin. Nach allen Regeln der Quantenmechanik hat der Spin den Charakter eines Drehimpulses; er muss z. B. bestimmten *Vertauschungsrelationen* gehorchen, s. Abschn. 4.5. Daraus folgt auch, dass man Spins mit anderen Drehimpulsen nach den Regeln der quantenmechanischen Vektoraddition zu einem Gesamtdrehimpuls addieren kann, für den dann ein Erhaltungssatz gilt

Die Abb. 3.2 zeigt den spektroskopischen Befund am Beispiel des wasserstoff-ähnlichen Spektrums (1 Elektron außerhalb einer geschlossenen Schale) von Na. Die Abb. 3.3 ist der einer Originalarbeit von Goudsmit und Uhlenbeck von 1926 analog und verdeutlicht die Beobachtung [GOU26], insbesondere die Feinstruktur-Aufspaltung am Beispiel der $n = 3$-Zustände von Na. Für das S-Niveau ($L = 0$)[1] ergibt sich nur eine Verschiebung, für alle anderen auch die Dublett-Aufspaltung. Bemerkenswert ist, dass die Schwerpunkte der Dubletts mit den unaufgespalte-nen Niveaus zusammenfallen. Die Größe der Aufspaltung war aber nur mit einem zunächst unerklärten Faktor 2 behaftet, den erst L.H. Thomas 1926 [THO26] in einer sehr aufwändigen Rechnung – interessanterweise in einem semiklassischen relativistischen Ansatz, bei dem das Atomelektron im Koordinatenursprung ruhend angenommen wird und der Kern um dieses (beschleunigt) umläuft – herleiten konnte und damit das Spinmodell des Elektrons „rettete" (*Thomas-Faktor*) s. [TOM97].

In dieser Arbeit zitieren die Autoren übrigens eine Notiz von A. Compton, in der dieser bereits 1921 die Möglichkeit, dass Elektronen einen Spin besitzen, andeutet – das wäre vermutlich der früheste solche Vorschlag [COM21]. Auch andere, z. B. R. Kronig 1925, hatten mit dieser Idee geliebäugelt, aber angesichts der klassischen Unmöglichkeit dieser Vorstellung davon Abstand genommen. Zudem hatte er, wie in [SCH11, TOM97] berichtet wird, den Fehler gemacht, dazu die „Autoritäten" Wolfgang Pauli und Werner Heisenberg zu befragen, und diese hatten die Idee als „Unsinn" abgetan. Andererseits hatte Pauli zur Deutung des Periodensystems der Elemente vier statt wie bisher drei Parameter (eigentlich *Quantenzahlen*) zur Klassifizierung postuliert, s. u. im Abschn. 3.4, aber keine nähere Interpretation des vierten Parameters geliefert. Im Gegenteil: er lehnte lange die Deutung als Spin des Elektrons vehement ab, selbst noch in seinem Nobelpreis-Vortrag.

---

[1] Für Drehimpulse sind Klein- oder Großbuchstaben als Symbole üblich. Für Einelektronen-systeme bevorzugt man heute die kleinen.

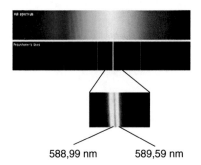

588,99 nm   589,59 nm

Abb. 3.2 Optisches Spektrum von Na mit dem Übergang vom 3p- zum 3s-Zustand. Die gelbe Linie ist bei guter Auflösung ein Dublett - D1 und D2, das durch die Feinstrukturaufspaltung durch die ($L \cdot S$)-Kopplung erzeugt wird. Diese Aufspaltung ist um einen Faktor von ca. 1000 kleiner als die im oberen Teil gezeigten Übergänge zwischen verschiedenen Hauptquantenzahlen n, die auch bei höherer Auflösung Doppellinien sind

Das Abb. 3.3 zeigt, wie die Kopplung der Drehimpulse zu einer Dublett-Aufspaltung der alten Übergänge führt. Diese Aufspaltung und deren Größe belegen auch die Existenz einer Spin-Bahn-Kraft der Form

$$F_{LS} \propto (L \cdot S) = \frac{1}{2}[J(J+1) - L(L+1) - S(S+1)] \qquad (3.3)$$

mit Eigenwerten, die von der relativen Orientierung von L und S abhängen.

Die Lage der Energieniveaus bzw die Übergangsenergien lassen sich berechnen, wenn man als wirkende Kraft die Coulombkraft in die entsprechende Gleichung (z. B. die *Schrödingergleichung*) einsetzt. Die Lösungen dieser Gleichung für das gebundene System ($E_{total} \leq 0$) Proton-Elektron sind einerseits die Eigenfunktionen (mathematisch beschrieben durch *Laguerre-Polynome*) und diskrete Eigenwerte der Energie, wie sie schon Balmer empirisch beschrieben hatte, und die sich nach den Hauptquantenzahlen $n = 1, 2, 3, \ldots$ ordnen ließen. Zu jeder Hauptquantenzahl n gehören die Nebenquantenzahlen $\ell = 0, 1, \ldots, n - 1$ und ein Gesamtdrehimpuls des Elektrons mit der Quantenzahl $j = \ell + s$ nach der Einführung des Spins mit s. Das Elektron im Atom hat damit vier *Freiheitsgrade*, womit sich z. B. die Struktur des Periodensystems erklären lässt. Das empirisch aufgestellte Periodensystem der Elemente (D.I. Mendelejew, L. Mayer 1869) besteht darin, eine Reihe von Eigenschaften verschiedener Atome systematisch in Gruppen zu ordnen; d.s. z. B. Ionisationsenergien für die Entfernung eines Elektrons, Atomvolumina und

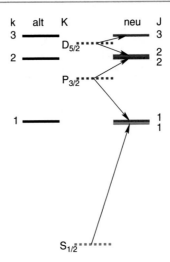

Abb. 3.3 Die Deutung der beobachteten Aufspaltung (rechts, neu) der einfachen Spektrallinien, wie sie sich bei schlechter Auflösung darstellen (links, alt), wurde durch Goudsmit und Uhlenbeck durch das Postulat eines Spins des Übergangs-Elektrons (*Leuchtelektron*) erbracht. Der jeweilige Bahndrehimpuls des Elektrons in verschiedenen Anregungszuständen – S für $L = 0$, P für $L = 1$ und D für $L = 2$ jeweils in Einheiten von $\hbar$ – koppelt mit dem Spin $S = 1/2$ zu Gesamtdrehimpulsen $J = 1/2, 3/2$ und $5/2$ der jeweiligen Zustände

die Bildung von chemischen Verbindungen etc. als Funktion der Kernladungszahl Z etc.

Eine wichtige Beobachtungsgröße ist der **Zeemaneffekt** der Feinstruktur, d. h. die Aufspaltung der Energieniveaus bzw. der Übergänge zwischen ihnen, sichtbar in optischen oder Röntgenspektren, beim Anlegen eines Magnetfeldes. Nach einer semiklassischen Vorstellung bildet ein umlaufendes Elektron einen Kreisstrom, der wiederum ein magnetisches Moment erzeugt. Dieses wechselwirkt mit einem Magnetfeld B, sei es ein äußeres, aber auch ein hypothetisches inneres Magnetfeld, z. B. erzeugt durch die umlaufenden Rumpfelektronen. Je nach relativer Orientierung von Feld und magnetischem Moment μ ist die Wechselwirkung abstoßend oder anziehend wie bei zwei Magneten, und die Energie des Systems ist $\propto B$.

Quantenmechanisch ist einfach jedem (gequantelten) Drehimpuls (z. B. dem Bahndrehimpuls $L\hbar$) ein magnetisches Moment zuzuordnen:

$$\boldsymbol{\mu}_L = g_L \mu_B \frac{\boldsymbol{L}}{\hbar}. \tag{3.4}$$

Der g-Faktor stellt die Verbindung zwischen beiden her und ist für die erste Bohrsche Bahn des Wasserstoffatoms ($n = 1$) berechenbar und $= 1$ mit dem magnetischen Moment

$$\mu_B = \frac{e\hbar}{2m_e} = 9,27\ldots \cdot 10^{-27} \text{J/T}, \tag{3.5}$$

dem *Bohrschen Magneton,* der üblichen Einheit für magnetische Momente im Bereich der Atome oder Moleküle (m_e ist die Elektronenmasse, e dessen Ladung). Für Kerne, bei denen die magnetischen Momente um etwa einen Faktor des Verhältnisses der Masse des Elektrons m_e zur Masse des Protons m_p kleiner ist, benützt man stattdessen als Einheit das Kernmagneton

$$\mu_K = \frac{e\hbar}{2m_p} \tag{3.6}$$

und analog für andere Teilchen, z. B. die Quarks $\mu_q = \frac{Q_q \hbar}{2m_q}$ mit Q_q der entsprechenden Quark-Drittelladung und m_q der Konstituenten-Quarkmasse.

Der g-Faktor für Spins ist nicht trivial wie beim Bahndrehimpuls, daher spricht man vom *„anomalen magnetischen Moment":* Teilchen (Fermionen), die der Dirac-Theorie gehorchen wie das Elektron, haben dort den natürlichen g-Faktor $g_s = 2$, der durch quantenelektrodynamische Effekte wie die *Polarisation des Vakuums, Selbstenergie des Elektrons u. a.* leicht modifiziert mit hoher Präzision gemessen und berechnet wurde:

$$\frac{(g_s - 2)}{2} = (1159,65219091 \pm 0,00000026) \cdot 10^{-6}. \tag{3.7}$$

Die naheliegende Annahme, auch für das Proton wie auch für das Neutron als Fermionen sei der Wert $g_I = 2$ oder ein Wert nahe dabei zu erwarten, erwies sich als ganz falsch. Messungen ergaben *anomale* Momente bzw. g-Faktoren, s. Abschn. 3.5.

3.3   Der Spin des Elektrons und Diracs Theorie

Ohne hier auf die Details der Diractheorie eingehen zu können, sollen ein paar wesentliche Punkte erwähnt werden. Wegen der vergleichsweise kleinen Masse des Elektrons ist es plausibel, dass man seine „Bewegung" im Atom relativistisch behandeln muss, d. h. die der Schrödingergleichung $i\hbar\partial\Psi/\partial t = \mathcal{H}\Psi$ entsprechende Dirac-Gleichung muss *kovariant* formuliert sein, und sie darf nur räumliche Ableitungen erster Ordnung in $\mathcal{H}$ enthalten sowie mit Vierervektoren formuliert sein. Das überraschende Resultat bei der Lösung dieser Gleichung war, dass nicht nur der Spin und das magnetische Moment des Elektrons korrekt beschrieben werden, das Wasserstoff-Spektrum (fast) ganz korrekt wiedergegeben wird inklusive Fein- und Hyperfeinstruktur, sondern sich die vierkomponentige Spin-Wellenfunktion *(Spinor)* als Satz von zwei zweikomponentigen (Pauli-)Spinoren (wie in der bisherigen Theorie) entpuppte, die Lösungen zu positiver und negativer Gesamtenergie darstellten und sich als Lösungen für ein Teilchen (Elektron) und sein Antiteilchen (später: Positron) interpretieren ließen, und das lange vor der Entdeckung des Positrons durch Anderson 1932.

Musste 1925 der Spin des Elektrons noch „von Hand" in die Theorie eingefügt werden, d. h. z. B. in die Schrödingergleichung multiplikativ durch Anfügen einer zweikomponentigen Spin-Wellenfunktion wie in Gl. 4.3, ergaben sich mit der Dirac-Gleichung ab 1929 folgende Verbesserungen:

- Die Lösungen enthalten bereits in natürlicher Weise den Spin mit dem g-Faktor $g_s = 2$. Erst in den fünfziger Jahren des letzten Jahrhunderts wurden weitere sehr kleine Abweichungen der Beobachtungen (u. a. die *Lambshift*) von der Dirac-Theorie durch die *Quantenelektrodynamik* erklärt.
- Die Wellenfunktionen *(Spinoren)* sind vier- statt zweikomponentig wie die der Pauli-Theorie, enthalten diese aber für Fermionen und Antifermionen getrennt.
- Die Gleichung und deren Lösungen sind relativistisch (d. h.: *kovariant* formuliert), d. h. auch gut für schnelle Elektronen.
- Die Lösung nimmt schon die Existenz des Antiteilchens des Elektrons (z. B. des später gefundenen Positrons) voraus.

3.4   Spin und Statistik

Die vollständige Erklärung des Periodensystems der chemischen Elemente gelang Wolfgang Pauli, indem er

- ein Schalenmodell für die Anordnung der Z Elektronen im Atom der Kernladungszahl Z postulierte, bei dem gefüllte Schalen eine Edelgas-Konfiguration darstellen und die chemischen Eigenschaften i.w. durch die Anzahl Elektronen in ungefüllten Schalen bestimmt werden;
- empirisch ein *Ausschließungs-Prinzip* postulierte, das in jedem Quantenzustand des Atoms nur zwei Elektronen mit ihren zwei Spinzuständen zuließ. Dieses Prinzip erwies sich später als allgemein gültig für alle Teilchen mit halbzahli-

gen Spins, die *Fermionen,* während es für Teilchen mit ganzzahligen Spins, die *Bosonen,* nicht gilt. Eine Formulierung des *Pauli-Prinzips* lautet: Ein System aus zwei Fermionen kann niemals in einem Zustand sein, in dem sie in allen Quantenzahlen übereinstimmen.

- Diese Eigenschaft bedeutet, dass für die beiden Arten von Teilchen verschiedene Statistiken gelten, d.s. Vorschriften, nach denen mehrere solcher Teilchen in Quantensystemen (z. B. dem Atom, dem Kern oder in Festkörpern etc.) „eingebaut" werden. Das hat mit dem Charakter der Symmetrie z. B. eines Zustandes aus zwei (identischen) Teilchen zu tun, der, wenn man die Teilchen vertauscht, entweder *symmetrisch* (für zwei Bosonen) oder *antisymmetrisch* (für zwei Fermionen) ist. Im letzteren Fall wechselt der Zustand sein Vorzeichen. Das Prinzip ist auf Mehrteilchensysteme erweiterbar. Dass identische Teilchen *ununterscheidbar* sind, ist genuin quantenmechanisch und klassisch nicht erklärbar.

3.5 Der Spin des Protons

Nach der Entdeckung des Elektronenspins lag es nahe, auch für andere Teilchen wie das Proton nach Indizien für die Existenz und den Wert eines Spins zu suchen. Bemerkenswerterweise kamen erste Hinweise nicht aus dem Studium des Protons selbst, sondern aus der Physik des Wasserstoffmoleküls H_2 [DEN27, KAP29, DEN74].

3.5.1 Die spezifische Wärme von H_2

Die *spezifische Wärme* ist eine klassische Messgröße, die bestimmt, wieviel Energie z. B. ein Gas speichert, wenn man seine Temperatur um $1\,K$ erhöht. Mikroskopisch sind es die verschiedenenen Formen der Energie, die die Moleküle des Gases im Grundzustand aufnehmen können, bzw. zu denen sie angeregt werden:

$$U = U_{tr} + U_{rot} + U_{vib}. \tag{3.8}$$

Nach dem *Gleichverteilungssatz* kommt jedem Freiheitsgrad pro Mol eines Gases etwa die Energie $1/2\,nRT$ zu (n ist die Dichte des Gases, R die molare Gaskonstante und T die absolute Temperatur). Bei Zimmertemperatur sind drei Freiheitsgrade der Translationsbewegung und zwei der Rotation angeregt, nicht aber der Vibration, und $U = 5/2\,nRT$. Die *spezifische Wärmekapazität* ist $C_V = 5/2\,RT$. Bei sehr tiefen Temperaturen spielt nur die Anregung der Rotation $U_{rot} = \frac{J(J+1)\hbar^2}{2\Theta}$ mit Θ, dem

Trägheitsmoment des Moleküls, eine Rolle, und die spezifische Wärme ist für zwei
Freiheitsgrade der Rotation definiert als

$$U_{rot} = nRT. \tag{3.9}$$

Ordnet man den H-Atomen im H_2 einen Spin von z. B. $1/2\,\hbar$ zu, so gibt es wegen
$I = s_1 + s_2$ zwei Modifikationen, Ortho-(Kernspins parallel $I = 1$) und Para-
Wasserstoff (Kernspins antiparallel $I = 0$). Bei Zimmertemperatur existiert H_2 als
Gemisch beider mit den statistischen Gewichten beider Zustände 1:3, bei tiefen
Temperaturen aber nur im Grundzustand Para-H_2.

3.5.2 Spin und Statistik des H_2-Moleküls

Experimentell war bekannt, dass in den Rotationsbanden von H_2 die Intensitäten
von Übergängen alternierend schwächer bzw. stärker waren und zu zwei verschiedenen Systemen mit Rotationsdrehimpulsen 0, 2, 4, ... bzw. 1, 3, 5 ... gehörten,
zwischen denen selbst keine Übergänge erfolgten. Heisenberg [HEI27] untersuchte
den Zusammenhang mit der Statistik der beteiligten Zustände (unter Beachtung des
Pauli-Prinzips) und kam zu dem Schluss, dass man die Intensitätsverhältnisse nur
erklären konnte, wenn man für die Protonen einen Spin analog zum Elektron von
$1/2\,\hbar$ annahm. Die beiden Systeme erklärten sich durch die Parallel- (*Ortho*-H_2)
bzw. Antiparallelstellung (*Para*-H_2) der beiden Protonenspins s. Entsprechend den
statistischen Gewichten im thermischen Gleichgewicht, das sich bei Zimmertemperatur einstellt, sollten sich die Intensitäten wie 3:1 verhalten. Die Temperaturabhängigkeit von C_V/R, die auf der Temperaturabhängigkeit des Mischungsverhältnisses
von Para- und Ortho-H_2 beruht, konnte erst bestätigt werden, als Dennison [DEN27]
annahm, dass auch bei tiefen Temperaturen das Verhältnis 1:3 galt, da der Übergang
von Ortho- zu Parawasserstoff extrem langsam (verglichen mit der Dauer der Experimente) abläuft. Es ergab sich volle Übereinstimmung mit Heisenbergs Vorschlag
und damit der Spin des Protons zu $1/2\,\hbar$ [KAP29]. Dieses Ergebnis ist Teil der
Begründung für Heisenbergs Nobelpreis 1932.

3.5.3 Spin des Protons und Hyperfeinstruktur in Spektren

Unter der Annahme eines Kernspins I mit einem damit verbundenen magnetischen
Moments μ_I gibt es analog zum Hüllenspin J eine magnetische Wechselwirkung,

die nichtklassisch wieder eine Spin-Spin-Wechselwirkung ist:

$$\Delta W_{hyperfein} = -\mu_I B_J (r = 0) \frac{I\,J}{I \cdot J} = -\frac{\mu_I B_J (0)}{2I \cdot J}[F(F+1) - I(I+1) - J(J+1)],$$

(3.10)

wobei μ_I das magnetische Moment des Kerns, B_J das von der Elektronenhülle erzeugte Magnetfeld am Kernort sind und $F = I + J$ den Gesamtspin von Kern und Hülle charakterisiert. $\mu_I = g_I \mu_K$ wird meist in Einheiten des Kernmagnetons $\mu_K = \frac{e\hbar}{2m_p} = 5{,}05 \cdot 10^{-27}$ J/T analog zum Bohrschen Magneton $\frac{e\hbar}{2m_e} = 9{,}274 \cdot 10^{-24}$ J/T angegeben mit m_p und m_e den Massen des Protons bzw. Elektrons. Diese Energie führt zu einer weiteren Aufspaltung der Feinstrukturniveaus, die aber wegen der Kleinheit von μ_K sehr klein ausfällt (qualitativ noch einmal um einen Faktor 1000 gegenüber der Feinstruktur) und erst bei hoher Auflösung in optischen Spektren sichtbar wird. Moderne Methoden der Spektroskopie sind die Anregung von Radiofrequenzübergängen in Atomstrahlen und hochauflösende optische Spektroskopie mit Lasern.

Wie bei der Feinstrukturaufspaltung kann man durch Anlegen eines äußeren Magnetfelds B einen *Zeemaneffekt* der Hyperfeinstruktur beobachten, d. h. die feldabhängige Aufspaltung der F-Niveaus in $2F + 1$ Unterzustände und damit den Spin I des jeweiligen Kerns und dessen magnetisches Moment (bzw. den *Kern-g-Faktor g_I*) bestimmen. Für das Proton ergibt sich $I = 1/2$, für das Deuteron $I = 1$. Das Abb. 3.4 zeigt die vollständige Struktur der niedrigsten Niveaus des Wasserstoffatoms, wobei die sehr kleine Lambshift durch quantenelektrodynamische Effekte quantitativ mit sehr hoher Genauigkeit erklärt wird. Die Übergänge der Grobstruktur liegen im ultravioletten und sichtbaren Bereich – z. B. bilden die Übergänge zum $n = 1$-Niveau die bekannte *Balmer*-Serie. Abb. 3.5 zeigt nebeneinander die in Abb. 3.4 nur angedeutete Hyperfeinstruktur und ihren *Zeemaneffekt* von Wasserstoff zusammen mit der von Deuterium. Als Beispiel sind einige Radiofrequenzübergänge eingezeichnet. Durch den Nachweis dieser Übergänge zwischen einzelnen Niveaus im Radiofrequenzbereich lassen sich die Spinstruktur von Kern- und Hüllenspin und der Kern-g-Faktor g_I bzw. das magnetische Moment des jeweiligen Kerns bestimmen. Die Verwendung von $x = B/B_{crit}$ und $W/\Delta W$ macht die Darstellung universell für gleiche Spinsysteme.

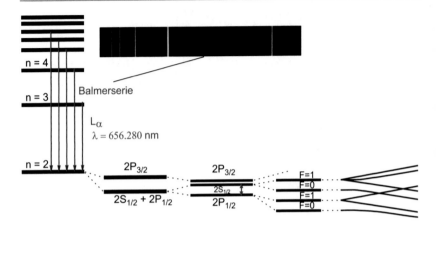

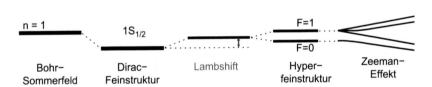

Abb. 3.4 Vollständiges Energieniveauschema des H-Atoms qualitativ, d. h. nicht maßstäblich. Die Hyperfeinstruktur-Aufspaltung ist ca. 1800 mal kleiner als die Feinstruktur-Aufspaltung wegen des viel kleineren magnetische Moments des Protons. Beispielhaft ist ein Teil der *Balmer*-Serie (L-Serie) eingezeichnet mit der L_α-Linie im roten Spektralbereich

3.6   Spin und magnetisches Moment der Nukleonen

Eine wichtige Entdeckung ist die Messung des magnetischen Moments bzw. des anomalen g-Faktors g_I des *Protons* 1933 durch I. Estermann und O. Stern (NP 1944) [EST33]. Die verwendete Methode war die Messung der Ablenkung eines Wasserstoff-Atomstrahls in einem inhomogenen Magnetfeld. Nebenbei bestätigte das Experiment ganz unabhängig den Spin 1/2 des Protons.

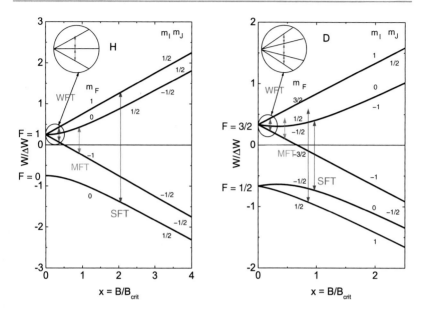

Abb. 3.5 Zeemaneffekt der Hyperfeinstruktur von Wasserstoff (Kernspin $1/2$), links, und Deuterium (Kernspin 1), rechts (*Breit-Rabi-Diagramme*). Der Gesamtdrehimpuls $F = I + J$ bzw. dessen Quantenzahlen F und m_F bezeichnen die Niveaus bei kleinen Magnetfeldern – bei hohen Feldstärken sind es I, m_i, J, m_J. Für Wasserstoff ist $B_{crit} = 50{,}7$ mT, $\Delta W = 1420$ MHz und für Deuterium $B_{crit} = 11{,}7$ mT und $\Delta W = 327$ MHz. SFT („strong field transitions" und MFT („medium field transitions") sind typische Radiofrequenzübergänge bei starken und mittleren Magnetfeldern

1932 (ein Jahr bedeutender Entdeckungen, u. a. des Positrons, des Myons und des Deuteriums, der ersten Kernreaktion mit einem Beschleuniger) wurde das Neutron als wesentlicher Baustein von Atomkernen durch Chadwick entdeckt. Spin und magnetisches Moment des Neutrons sind schwierig direkt zu messen. So kam die zeitgleiche Entdeckung des schweren Wasserstoffisotops D durch Urey [URE32] gerade recht, indem dessen Spin und magnetisches Moment analog zum Proton leichter zu bestimmen waren. Man nahm dabei an, dass das Deuteron ein gebundenes System aus Proton und Neutron sei und

$$\mu_d \approx \mu_p + \mu_n, \tag{3.11}$$

was voraussetzt, dass der relative Bahndrehimpuls zwischen n und p Null ist (ein *S-Grundzustand*) und die Spins parallel ausgerichtet den Spin 1 des Deuterons ergeben. Damit erhält man $\mu_d \approx -1,9$ in Einheiten von μ_K, d.h. Spin und magnetisches Moment stehen im Neutron antiparallel zueinander. Der heutige Bestwert beträgt $\mu_d = (-1,9130427 \pm 0,0000005)\mu_K$.

Für die Nukleonen ergaben Messungen die heutigen Bestwerte

$$\mu_p = (2,7928473446 \pm 0,0000000008)\mu_K \qquad (3.12)$$

$$\mu_n = (-1,9130427 \pm 0,0000005)\mu_K \qquad (3.13)$$

mit den entsprechenden *anomalen* g-Faktoren. Diese Werte und das verschiedene Vorzeichen für beide Teilchen weisen auf komplexe innere Strukturen hin, die u. A. zunächst durch Elektronenstreuexperimente näher untersucht wurden und später durch die Zusammensetzung aus verschiedenen Quarks und Gluonen und deren Wechselwirkungen plausibel wurden.

Unmittelbar nach dieser Entdeckung des Neutrons begründete Heisenberg seine Theorie des Aufbaus der Kerne aus Protonen und Neutronen. Die Ähnlichkeit der Eigenschaften von Neutron und Proton in Bezug auf die Kernkräfte (allg. die *Starke Wechselwirkung*) führte Heisenberg zum Konzept des Isospins, einer approximativen (d. h. leicht gebrochenen) Symmetrie, die sich z. T. analog zum Spinformalismus beschreiben lässt, s. u. Abschn. 5.3.

Die Quantelung des Spins und seine Interpretation als Drehimpuls

4.1 Allgemeine Bemerkungen zum Spin-Formalismus

Historisch betrachtet ist die Quantenmechanik, insbesondere der Nachweis eines Phänomens wie des Spins aus der Notwendigkeit entstanden, Beobachtungen bzw. Experimente mit theoretischen Vorstellungen in Einklang zu bringen, insbesondere wenn diese klassischen Vorstellungen widersprachen. Schon sehr früh wurde die Rolle von *Symmetrien* bzw. Symmetrieoperationen in der Quantenmechanik erkannt. Beispiele sind die *Parität* – das Verhalten der Wellenfunktion bzw. von Operatoren bei Spiegelung am Ursprung, einer diskreten Operation, oder die *Drehimpulserhaltung* – das Verhalten bei Drehungen des Systems (aktive Drehungen) bzw. des Koordinatensystems (passive Drehungen) im dreidimensionalen Raum bei festem Ursprung oder in einer Ebene senkrecht zu einer (meist der z-)Achse, eine kontinuierliche Operation. Es geht oft darum, Konstanten der jeweiligen Operation *(Erhaltungsgrößen)* zu finden. Formal: Jeder Symmetrieoperator U, der $\mathcal{H}$ unter der Operation $U\mathcal{H}U^{-1}$ invariant lässt, muss mit $\mathcal{H}$ kommutieren, und die Eigenfunktionen von $\mathcal{H}$ haben die entsprechende Symmetrieeigenschaft. Ist U eine *Observable* mit der Eigenschaft der *Hermitezität* ($U^{-1} = U^{\dagger}$), muss er eine Konstante der Bewegung sein.

Die allgemeinen Symmetrieeigenschaften von $\mathcal{H}$ sind Gegenstand der mathematischen *Gruppentheorie,* da diese sich mit deren Methoden systematisch studieren lassen. Die Anwendungen in der Physik sind weitgefächert und reichen von der Kern- und Teilchenphysik bis zur Festkörperphysik. Im Falle des Drehimpulses geht es z. B. darum, das Verhalten eines Systems bei Drehungen zu analysieren. Als *Generatoren* endlicher Drehungen benutzt man unitäre infinitesimale Operatoren

$$e^{\pm i\epsilon X_j} = \mathbb{1} \pm i\epsilon X_j \qquad (4.1)$$

© Der/die Herausgeber bzw. der/die Autor(en), exklusiv lizenziert durch Springer Fachmedien Wiesbaden GmbH, ein Teil von Springer Nature 2020
H. Paetz gen. Schieck, *Spin – Was ist das eigentlich?*, essentials,
https://doi.org/10.1007/978-3-658-31360-9_4

mit sehr kleinem ϵ, $\mathbb{1}$ dem Einheitsoperator und $j = \{x, y, z\}$. Wenn also $\mathcal{H}$ z. B. invariant unter Drehungen um die z-Achse ist, muss X_z, der zugehörige Drehimpuls, eine Konstante der Bewegung sein.

Die Gruppe aller Drehungen im dreidimensionalen Raum $\mathbb{R}^3$ ist *SO(3)* („spezielle orthogonale Gruppe in drei Dimensionen"). Darstellungen dieser Gruppe sind die dreidimensionalen orthogonalen Matrizen $R_{\vec{n}}(\Phi)$, die eine Drehung in kartesischen Koordinaten x,y,z um eine Achse $\vec{n}$ um den Winkel Φ bewirken. Drehungen sind lineare Transformationen der Form $x' = Rx$. R ist als Drehmatrix darstellbar und ist ein Element von SO(3), d. h. $R^{-1} = R^{\dagger}$ (Orthogonalität) mit der Determinante $\det(R) = 1$. Es gibt verschiedene Parametrisierungen der Drehungen. So lässt sich eine passive Drehung des Basis-Koordinatensystems aus drei Drehungen um drei *Eulersche Winkel* mithilfe von Drehfunktionen (Drehmatrizen) beschreiben:

$$R(\alpha, \beta, \gamma) = \begin{pmatrix} \cos\gamma & -\sin\gamma & 0 \\ \sin\gamma & \cos\gamma & 0 \\ 0 & 0 & 1 \end{pmatrix} \begin{pmatrix} 1 & 0 & 0 \\ 0 & \cos\beta & -\sin\beta \\ 0 & \sin\beta & \cos\beta \end{pmatrix} \begin{pmatrix} \cos\alpha & -\sin\alpha & 0 \\ \sin\alpha & \cos\alpha & 0 \\ 0 & 0 & 1 \end{pmatrix}.$$

$$(4.2)$$

Daraus folgt die Bestimmung von Eigenfunktionen *irreduzibler* Operatoren, die bestimmte Vertauschungsrelationen erfüllen. Das sind gerade die Drehimpulsoperatoren $J_i = \hbar X_i$ mit dem Eigenwert $|J|^2 = \hbar^2 \mathbb{1} j(j + 1)$ in einer (2j+1)-dimensionalen Darstellung mit Matrixelementen $\langle jm'|X_z|jm \rangle = m\delta_{m',m}$ und

$$J_z = \hbar \begin{pmatrix} j & 0 & \ldots & 0 \\ 0 & j-1 & \ldots & 0 \\ \vdots & \vdots & \ddots & \vdots \\ 0 & 0 & \ldots & -j \end{pmatrix}.$$

$$(4.3)$$

Dabei kann j ganz- oder halbzahlig sein.

Handelt es sich bei J um einen reinen Bahndrehimpuls ohne Spin, so führt eine Drehung um 2π den Anfangszustand in den gleichen Endzustand über. Für den Spin (hier nur Spin $j = 1/2$) jedoch bewirkt die Drehung um 2π einen Endzustand, der sich um ein Minuszeichen vom Anfangszustand unterscheidet. Es bräuchte also eine Drehung um 4π unter SO(3), um zum Anfangszustand zurückzukehren, was „klassisch" eine unmögliche Vorstellung wäre. Das bedeutet, dass SO(3) für den Spin nicht die korrekte Gruppe sein kann. Es stellt sich heraus, dass dafür die übergeordnete Gruppe SU(2) richtig ist („spezielle unitäre Gruppe in 2 Dimensionen"). In dieser gelten dieselben Eigenwertbeziehungen in einer zweidimensionalen Darstellung, und es lassen sich die *Pauli-Matrizen* als Generatoren dieser Gruppe bis auf einen Faktor $1/2$ als geeignete irreduzible Darstellungen ableiten ($J_i = \sigma_i/2$). In dieser Gruppe erhält man durch Übergang von infinitesimalen zu endlichen Drehungen (mit $\boldsymbol{n} = \{\hat{x}, \hat{y}, \hat{z}\}$ einem Einheitsvektor und $\boldsymbol{\alpha} = \boldsymbol{n}\theta$ einem Drehwinkel):

$$U(\boldsymbol{\alpha}) = e^{-i\boldsymbol{\alpha}\boldsymbol{J}} = e^{-i\boldsymbol{n}\frac{\theta}{2}\boldsymbol{\sigma}} = \cos\frac{\theta}{2} - i(\boldsymbol{\sigma} \cdot \boldsymbol{n})\sin\frac{\theta}{2} \tag{4.4}$$

$$= \begin{pmatrix} \cos\frac{\theta}{2} - i\hat{z}\sin\frac{\theta}{2} & -i(\hat{x} - \hat{z})\sin\frac{\theta}{2} \\ -i(\hat{x} + i\hat{y})\sin\frac{\theta}{2} & \cos\frac{\theta}{2} + i\hat{z}\sin\frac{\theta}{2} \end{pmatrix}. \tag{4.5}$$

Diese Darstellung der Drehung enthält den Faktor $1/2$ im Drehwinkel gegenüber der Drehung von Gl. 4.2, was einer doppeltem Überdeckung von SO(3) entspricht. Die Paulimatrizen sind

$$\sigma_x = \begin{pmatrix} 0 & 1 \\ 1 & 0 \end{pmatrix} \qquad \sigma_y = \begin{pmatrix} 0 & -i \\ i & 0 \end{pmatrix} \qquad \sigma_z = \begin{pmatrix} 1 & 0 \\ 0 & -1 \end{pmatrix}. \tag{4.6}$$

Sie bilden zusammen mit der Einheitsmatrix $\mathbb{1} = \begin{pmatrix} 1 & 0 \\ 0 & 1 \end{pmatrix}$ eine Basis für allgemeine hermitesche, spurfreie Matrizen

$$\begin{pmatrix} a+d & b-ic \\ b+ic & a-d \end{pmatrix} = a\mathbb{1} + b\sigma_x + c\sigma_y + d\sigma_z. \tag{4.7}$$

Sie erzeugen durch Potenzieren den gesamten Vektorraum hermitescher 2 x 2-Matrizen mit Determinante 1, d. h. die SU(2).

4.2 Das Spin-1/2-System

Das Spin-1/2-System (Beispiele: Elektron, Proton) ist das einfachste, an dem sich der quantenmechanische Formalismus beschreiben lässt. Dieser ist protoypisch für eine Reihe anderer Zweizustandssysteme wie z. B. dem Ammoniak-Maser oder dem Isospin-Formalismus . Hier soll nur das Spin-1/2-System näher diskutiert werden. Dann genügt die Vorstellung des Spins als Spinvektor (genau genommen transformiert sich der Spin, d. h. seine Repräsentation als Spinor, nicht wie ein polarer, sondern wie ein pseudoskalarer Vektor, was hier aber keine Rolle spielt). Höhere Spins verlangen kompliziertere Beschreibungen (Tensor-Formalismen), die hier nicht dargestellt werden sollen.

Die Aussage: „das Elektron hat Spin $1/2\,\hbar$", beschrieben durch die *Quantenzahl* s=1/2, bedeutet, dass bezüglich einer vorgegebenen Richtung (z-Achse) das Elektron genau zwei Projektionen $+1/2\,\hbar$ oder $-1/2\,\hbar$ annehmen kann. Das war das überraschende und klassisch nicht zu verstehende Ergebnis des Stern-Gerlach-Experiments. In einer, der Kopenhagener Deutung des quantenphysikalischen Messprozesses, befindet sich das Quantensystem (also unser Silber-Atomstrahl) vor der Messung in einem Zustand der Überlagerung aller möglichen Endzustände. Erst durch die Messung erscheint ein definierter Endzustand, nämlich die Aufspaltung in zwei Teilstrahlen unterschiedlicher magnetischer Momente in Richtung und gegen die Richtung des Magnetfeldes, obwohl vor dem Magnetfeld alle Richtungen möglich erscheinen.

Wenn man annimmt, dass jedes Teilchen mit Spin s ein magnetisches Moment μ besitzt, das als Vektor zu diesem parallel und seinem Betrag proportional ist, so bietet, wie bei dem Stern-Gerlach-Experiment, die Wechselwirkung dieses Moments mit einem Magnetfeld die Möglichkeit, den zugehörigen Spin zu „messen". Da die Energie die wichtigste Erhaltungsgröße ist und man dafür den Hamilton-Oparator $\mathcal{H}$ eingeführt hat, kann man für die Energie analog zur Energie eines klassischen magnetischen Dipols schreiben

$$\mathcal{H} = \mu B = g_s s B = \frac{1}{2} g_s \sigma B \qquad (4.8)$$

oder für eine, die z-Komonente

$$\mathcal{H} = \frac{1}{2} g_s \sigma_z B_z. \qquad (4.9)$$

Das ist bereits die einfachste Form der zeitunabhängigen *Schrödingergleichung* für ein ruhendes Teilchen (also ohne Bahndrehimpuls) mit Spin bzw. magnetischem Moment.

Lösungen dieser Gleichung liefern Erwartungswerte, mit denen ein (Spin-) System beschrieben bzw. mit Messwerten verglichen werden kann. Ihre Lösungen für die Erwartungswerte der Komponenten des Spinoperators, also des Polarisationsvektors, ergeben für den Anfangsspin in z-Richtung keine Änderung („stationärer Zustand"), für den Anfangsspin in der x-y-Eben eine Bewegung, die *Larmor-Präzession* der Polarisation in dieser Ebene (um die z-Achse = B-Feld-Richtung) z. B. für ein Elektron mit der (Kreis-)Frequenz

$$\omega_L = 2\pi \nu_L = g_e \mu_B B / \hbar \qquad (4.10)$$

mit $\mu_B = e\hbar/2m_e = 9{,}274\ldots \cdot 10^{-24}$ J/T. Für ein Proton ist sie

$$\omega_L = 2\pi\nu_L = g_p\mu_K B/\hbar \tag{4.11}$$

mit $\mu_K = e\hbar/2m_p = 5{,}050\ldots \cdot 10^{-27}$ J/T. Aus der Präzessionsfrequenz lassen sich die entsprechenden g-Faktoren (bzw. magnetischen Momente) bestimmen. Das gilt auch für das Neutron, das – wenn auch ungeladen – ein magnetisches Moment besitzt.

Besäßen diese Teilchen ein elektrisches Dipolmoment d, würden sie in einem elektrischen Feld E eine analoge Präzession des Spinvektors erfahren:

$$\omega_d = \frac{2}{\hbar}|d \cdot E|. \tag{4.12}$$

Da ein solches Dipolmoment wegen *Paritätserhaltung* **und** *Zeitumkehrinvarianz* verboten ist, wäre dessen Auftreten ein Zeichen für „neue Physik" innerhalb oder außerhalb des Standardmodells der Teilchenphysik. Im Moment ist das beste Ergebnis der hochpräzisen Experimente für das Neutron $d = (0{,}0 \pm 1{,}1_{statistisch} \pm 0{,}2_{systematisch}) \cdot 10^{-26}$ e·cm, also verträglich mit Null mit einer Obergrenze von $|d| < 1{,}8 \cdot 10^{-26}$ e·cm [PRE20]. Ähnliche Messungen für geladene Teilchen wie Protonen oder Deuteronen sind an Beschleunigern bzw. Speicherringen geplant, in denen der Spin während sehr vieler Umläufe in kombinierten magnetischen und elektrischen Feldern präzediert.

4.3 Beschreibung von „reinen" Spinsystemen

Die im inhomogenen Magnetfeld wirkende Kraft trennt den Silber-Atomstrahl in genau zwei Teilstrahlen mit entgegengesetztem Vorzeichen des magnetischen Moments, d. h. des Spins, obwohl die aus dem Ofen heraustretenden Silberatome sicher statistisch gleichmäßig in alle Spinrichtungen verteilt sind und im inhomogenen Magnetfeld nur eine Verschmierung in alle Raumrichtungen erfahren müssten. Diese „Richtungsquantelung" kann nur quantenmechanisch beschrieben werden. Abb. 4.1 zeigt drei typische Spinkonfigurationen. Die Beschreibung geschieht zweckmäßig mithilfe des Pauli-Formalismus, bei dem die zugehörige Wellenfunktion zweiwertig ist, also durch den Spaltenvektor

$$\begin{pmatrix} a \\ b \end{pmatrix} \text{ mit komplexen a, b und } \begin{pmatrix} a \\ b \end{pmatrix}^\dagger = (a^*, b^*) \tag{4.13}$$

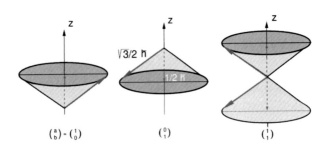

Abb. 4.1 Veranschaulichung dreier verschiedener Spinzustände. Links: ein vollständig in Richtung der (+z)-Achse ausgerichteter Spin 1/2. Mitte: ein vollständig in Richtung der (−z)-Achse ausgerichteter Spin 1/2. Rechts: ein vollständig unpolarisierter Spinzustand

und mit den 2 x 2 *Pauli-Spinoperatoren bzw. -matrizen*, s. Gl. 4.6.
Wie für alle Drehimpulse gelten für den Spin die Eigenwertgleichungen

$$\mathbf{s}^2 \chi_{s,m_s} = s(s+1)\chi_{s,m_s} \text{ und} \tag{4.14}$$

$$s_z \chi_{s,m_s} = m_s \chi_{s,m_s} \tag{4.15}$$

mit $2s+1$ *magnetischen* Unterzuständen (hier zwei), die durch die *magnetische Quantenzahl* m_s bezeichnet werden. χ_{s,m_s} ist die Spin-Wellenfunktion des Teilchens mit Spin s. In der Sprache der Quantenmechanik: nur diese beiden Operatoren sind miteinander und mit dem Hamiltonoperator $\mathcal{H}$ *vertauschbar*, d. h. sie haben simultane Eigenwerte, d. h. nur der Betrag und eine Komponente des Spinvektors können simultan gemessen werden; die zwei anderen Komponenten sind unbestimmt. Wegen dieser Quantisierung kann die „Länge" (der Betrag) des Spinvektors nur $\sqrt{s(s+1)}\hbar = \sqrt{3}/2\,\hbar$ sein, während seine „Orientierung" unbestimmt ist.
In Diracs ket-Notation sind diese Gleichungen:

$$\mathbf{s}^2 |s,m_s\rangle = s(s+1)|s,m_s\rangle \text{ und} \tag{4.16}$$

$$s_z |s,m_s\rangle = m_s |s,m_s\rangle. \tag{4.17}$$

Zur mathematischen Behandlung des Spins $1/2$ und seiner Operationen führte Pauli komplexe Spin-Operatoren $\boldsymbol{\sigma} = 2s$, s. 4.6, ein, die sich als Matrizen darstellen lassen, sowie die Darstellung der Spinwellenfunktion als Spalten (immer in Einheiten von $1/2\,\hbar$). Es zeigt sich, dass diese Pauli-Operatoren für die Beschreibung des Spins bzw. des Spinverhaltens nichtrelativistischer Teilchen oder Systeme ausreichen, während für eine relativistische Beschreibung die Dirac-Theorie angemessen ist, die hier nicht näher ausgeführt werden kann.

Den Spinzustand eines Teilchens (z. B. eines Elektrons) beschreibt man quantenmechanisch vollständig durch eine Überlagerung *(Superposition)* der zwei Basiszustände UP und DOWN bezüglich einer beliebigen Raumrichtung (a und b sind komplexe Zahlen):

$$s = \begin{pmatrix} a \\ b \end{pmatrix} = a \begin{pmatrix} 1 \\ 0 \end{pmatrix} + b \begin{pmatrix} 0 \\ 1 \end{pmatrix}. \tag{4.18}$$

Die Bedeutung von a und b ist die einer *kohärenten* Überlagerung der zwei Amplituden (diese könnten daher interferieren, wenn sie nicht *orthogonal* zueinander wären). Sie sind komplexe Zahlen, stellen selbst aber keine beobachtbaren Größen dar. Erst ihre Quadrate $|a|^2 = a^*a$ bzw. $|b|^2 = b^*b$ mit $|a|^2 + |b|^2 = 1$ sind die Wahrscheinlichkeiten dafür, dass das System (das Teilchen) sich im Spinzustand $+1/2$ (auch: UP) bzw. $-1/2$ (auch: *DOWN*) befindet. Man kann sie auch *Besetzungszahlen* N^+ bzw. N^- nennen. Sie enthalten die Information über die Richtung, in der der Spin bezüglich einer Achse wie z steht. Die geeignete Messgröße ist die *Polarisation* als Erwartungswert des Spinoperators $\boldsymbol{\sigma}$. Als Vektor hat er einen Betrag und eine Richtung im Raum. Der Erwartungswert ist definiert als

$$\boldsymbol{P} = \langle \boldsymbol{\sigma} \rangle = \phi^\dagger \boldsymbol{\sigma} \phi = \langle \phi | \boldsymbol{\sigma} | \phi \rangle \tag{4.19}$$

bezüglich der auf 1 normierten Spinwellenfunktion ϕ.

Als Beispiel sei der Spin eines Elektrons vollständig in die z-Richtung ausgerichtet (z. B. in einem Magnetfeld), also mit

$$\phi = \begin{pmatrix} 1 \\ 0 \end{pmatrix} \tag{4.20}$$

Dann berechnen sich die Komponenten der Polarisation mithilfe der Paulimatrizen $\boldsymbol{\sigma}$ durch

$$P_x = (1,0) \begin{pmatrix} 0 & 1 \\ 1 & 0 \end{pmatrix} \begin{pmatrix} 1 \\ 0 \end{pmatrix} = (1,0) \begin{pmatrix} 0 \\ 1 \end{pmatrix} = 0 \tag{4.21}$$

$$P_y = (1,0) \begin{pmatrix} 0 & -i \\ i & 0 \end{pmatrix} \begin{pmatrix} 1 \\ 0 \end{pmatrix} = (1,0) \begin{pmatrix} 0 \\ i \end{pmatrix} = 0 \tag{4.22}$$

$$P_z = (1,0) \begin{pmatrix} 1 & 0 \\ 0 & -1 \end{pmatrix} \begin{pmatrix} 1 \\ 0 \end{pmatrix} = (1,0) \begin{pmatrix} 1 \\ 0 \end{pmatrix} = 1 \tag{4.23}$$

Ein solcher Zustand ist ein „reiner" Zustand vollständiger Spinpolarisation $|\boldsymbol{P}| = 1$, unabhängig von der Richtung des Spinvektors. Ist dieser vollständig in die (-z)-Richtung ausgerichtet, ergeben sich $P_x = P_y = 0$ und $P_z = -1$.

4.4   Drehungen des Spinsystems

Ein Spinzustand kann sich (z. B. durch Präzession in einem Magnetfeld) im Raum gedreht werden (oder auch: der Zustand kann in einem gedrehten Koordinatensystem beschrieben werden). Die Situation zeigt Abb. 4.2.

Die Drehung um die Polar- und Azimutwinkel (β, ϕ) wird beschrieben durch Anwendung von *Drehfunktionen* in Matrixform und liefert

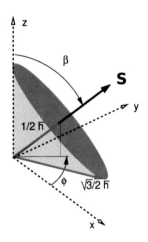

Abb. 4.2 Die Beschreibung eines gedrehten Spinzustands

$$\begin{pmatrix} a \\ b \end{pmatrix} = \begin{pmatrix} \cos \frac{\beta}{2} \\ \sin \frac{\beta}{2} e^{i\phi} \end{pmatrix} \tag{4.24}$$

Der Faktor $1/2$ bedeutet, dass der usprüngliche Spinzustand erst nach einer Drehung um 4π wieder erreicht wird, was – entgegen der klassischen Drehung von Systemen, bei der das nach 2π der Fall ist – eine nur quantenmechanisch erklärbare Eigenschaft des Spins ist.

4.5 Partiell polarisierte („gemischte") Spinsysteme

Ein partiell polarisierter Strahl von Teilchen ist ein „gemischtes Ensemble" aus reinen Zuständen, und seine Beschreibung erfolgt durch eine inkohärente Mittelung über die reinen Zustände des Ensembles. Der hierfür geeignete Formalismus, der auch auf beliebige Spins erweiterbar ist, ist die Benutzung der *Dichtematrix* ρ mit der Definition

$$\rho = |\phi\rangle\sigma\langle\phi| \tag{4.25}$$

und daraus folgend

$$P = \langle\sigma\rangle = \mathrm{Sp}(\rho\sigma) \tag{4.26}$$

Die[1] Dichtematrix eines *reinen* Spinzustandes s. Gl. 4.18 ist

$$\rho = \begin{pmatrix} |a|^2 & ab^* \\ ba^* & |b|^2 \end{pmatrix} = \begin{pmatrix} \cos^2 \frac{\beta}{2} & \sin \frac{\beta}{2}\cos \frac{\beta}{2}e^{-i\phi} \\ \sin \frac{\beta}{2}\cos \frac{\beta}{2}e^{i\phi} & \sin^2 \frac{\beta}{2} \end{pmatrix}. \tag{4.27}$$

Für den Fall eines einzelnen Spins in z-Richtung ergibt sich hier $\rho = \begin{pmatrix} 1 & 0 \\ 0 & 0 \end{pmatrix}$ und $P_z = \mathrm{Sp}(\rho\sigma_z) = 1$.

Ein einfaches Beispiel für die Anwendung der Dichtematrix auf einen *gemischten* Spinzustand ist der Fall eines nur partiell polarisierten Ensembles, z. B. eines Teilchenstrahls aus einer Quelle polarisierter Ionen mit dem Spin in der beliebigen Richtung (β, ϕ). Eine Möglichkeit der Beschreibung ist, den Zustand als inkohärente Addition eines Anteils komplett unpolarisierter Teilchen (1-p) mit dem ergänzenden Anteil p eines vollständig in dieser Richtung polarisierten Strahls anzusetzen:

---

[1] Die Spur Sp einer Matrix ist die Summe ihrer Diagonalelemente.

$$\rho = \frac{1}{2}(1-p)\begin{pmatrix} 1 & 0 \\ 0 & 1 \end{pmatrix} + p \begin{pmatrix} \cos^2\frac{\beta}{2} & \sin\frac{\beta}{2}\cos\frac{\beta}{2}e^{-i\phi} \\ \sin\frac{\beta}{2}\cos\frac{\beta}{2}e^{i\phi} & \sin^2\frac{\beta}{2} \end{pmatrix} \tag{4.28}$$

$$= \begin{pmatrix} \frac{1-p}{2} + p\cos^2\frac{\beta}{2} & \frac{p}{2}\sin\beta e^{-i\phi} \\ \frac{p}{2}\sin\beta e^{i\phi} & \frac{1-p}{2} + p\sin^2\frac{\beta}{2} \end{pmatrix}. \tag{4.29}$$

Diagonalisiert man ρ durch Drehung um $-\beta$, erhält man

$$\rho = \frac{1}{2}\begin{pmatrix} 1+p & 0 \\ 0 & 1-p \end{pmatrix}, \tag{4.30}$$

d. h. man hat eine Superposition der zwei reinen Zustände a und b bezüglich der z-Richtung mit den Wahrscheinlichkeiten (Besetzungszahlen) $N_+ = |a|^2$ und $N_- = |b|^2$

$$\rho = N_+\begin{pmatrix} 1 & 0 \\ 0 & 0 \end{pmatrix} + N_-\begin{pmatrix} 0 & 0 \\ 0 & 1 \end{pmatrix} = \begin{pmatrix} N_+ & 0 \\ 0 & N_- \end{pmatrix}. \tag{4.31}$$

Mit dem Spinoperator S erhält man mit dieser Dichtematrix die z-Komponente der Polarisation

$$P_z = \langle S_z \rangle = \frac{\mathrm{Sp}(\rho S_z)}{\mathrm{Sp}(\rho)} = \frac{1}{\mathrm{Sp}(\rho)}\mathrm{Sp}\left[\begin{pmatrix} N_+ & 0 \\ 0 & N_- \end{pmatrix}\begin{pmatrix} 1 & 0 \\ 0 & -1 \end{pmatrix}\right] \tag{4.32}$$

$$= \frac{1}{\mathrm{Sp}(\rho)}\mathrm{Sp}\begin{pmatrix} N_+ & 0 \\ 0 & -N_- \end{pmatrix} = \frac{N_+ - N_-}{N_+ + N_-}. \tag{4.33}$$

Das entspricht der naiven Definition der Polarisation. Für die Interpretation des Spins als Drehimpuls ist es notwendig, dass die drei Komponenten des Spinvektors, also auch $\sigma_x, \sigma_y, \sigma_z$ Vertauschungsrelationen gehorchen (die implizit die Heisenbergsche *Unschärferelation* ausdrücken):

$$\sigma_x\sigma_y = -\sigma_y\sigma_x = i\sigma_z, \text{ und zykl. vertauschte.} \tag{4.34}$$

$$\sigma_x^2 = \sigma_y^2 = \sigma_z^2 = 1 = \begin{pmatrix} 1 & 0 \\ 0 & 1 \end{pmatrix}. \tag{4.35}$$

Die drei Pauli-Matrizen 4.6 bilden einen Vektor

$$\boldsymbol{\sigma} = (\sigma_x, \sigma_y, \sigma_z), \tag{4.36}$$

d. h. bei Drehungen des Koordinatensystems um die Polar- und Azimutwinkel (β, ϕ) transformiert sich σ wie ein klassischer Vektor unter Beibehaltung seiner Länge. Jede 2 x 2-Matrix lässt sich als Linearkombination der vier Matrizen $1, \sigma_x, \sigma_y, \sigma_z$ darstellen (in der Sprache der Quantenmechanik: sie bilden eine *Basis* im Raum der 2 x 2-Matrizen). Da jedes Zweizustandssystem in jeder Darstellung einer 2 x 2-Matrix entspricht, gibt es stets die Analogie mit bzw. eine formal ähnliche Beschreibung wie bei einem Spin-1/2-System z. B. in einem Magnetfeld.

Spin in der Kern- und Teilchenphysik

5

Der sog. „Teilchenzoo" besteht aus sehr vielen Teilchen (elementare wie das Elektron und andere Leptonen und zusammengesetzte wie das Proton, Mesonen und andere Hadronen und deren Anregungszustände), s. [PDG18]. Sie wurden in der kosmischen Strahlung entdeckt, meist aber an Beschleunigern erzeugt, und ihre Hauptmerkmale (neben der Art ihrer Wechselwirkungen) sind ihre Masse und ihr Spin. Wie schon der Fall des Protons zeigt, haben alle nach dem Proton gefundenen Teilchen des Teilchenzoos die Eigenschaft „Spin" mit ganz- oder halbzahligen Werten einschließlich des Wertes 0 (z. B. die Pionen) und gehören (s. o.) entweder zur Gruppe der Fermionen oder Bosonen. Wie sich herausstellte, sind alle elementaren Konstituenten der Materie Fermionen und alle Teilchen, die Wechselwirkungen vermitteln (also $W^{\pm}$, Z^o für die schwache Wechselwirkung, Gluonen für die starke Quark-Quark-, Quark-Gluon- und Gluon-Gluon-Wechselwirkung, das Photon γ für die elektromagnetische und das hypothetische Graviton (Spin 2?) für die Gravitation) Bosonen.

Das 1932 entdeckte Neutron hat wie das Proton Spin 1/2. Atomkerne sind i. a. aus Protonen und Neutronen zusammengesetzt und haben Spin. Ganz analog sind Hadronen (*„stark" wechselwirkende Teilchen*) selbst aus Konstituenten wie Quarks und Gluonen zusammengesetzt. Damit ergibt sich die Fragestellung, wie sich der Spin dieser Teilchen aus den Spins der elementaren Konstituenten „addieren" lässt, deren Spin ein Eigendrehimpuls im ursprünglichen Sinne ist, während der „Spin" der zusammengesetzten Teilchen einen Spin-Anteil im engeren Sinne und einen Bahndrehimpulsanteil der Konstituenten enthalten kann.

Im Prinzip handelt es sich bei der Spin-Addition um Vektoraddition, jedoch nach quantenmechanischen Regeln, da ja das Ergebnis wieder gequantelt sein muss. Als Beispiel soll das Deuteron dienen, der einfachste aus Proton p und Neutron n zusammengesetzte Kern, der Spin $I = 1$ hat. $I = s_p + s_n + \ell$ Im Grundzustand des n-p-Systems, also des Deuterons, ist der relative Bahndrehimpuls ℓ von p und

© Der/die Herausgeber bzw. der/die Autor(en), exklusiv lizenziert durch Springer
Fachmedien Wiesbaden GmbH, ein Teil von Springer Nature 2020
H. Paetz gen. Schieck, *Spin – Was ist das eigentlich?*, essentials,
https://doi.org/10.1007/978-3-658-31360-9_5

n Null, und der „Spin" des Deuterons ist $S_d = s_p + s_n$ bzw. $I_d = 1/2 + 1/2 = 1$ (Triplett-n-p-Zustand). Es gibt auch den Singulett-Deuteron-Zustand mit $I_d^* = 0$, der aber mit höherer Energie als der des Deuterons ungebunden ist und nur in der n-p-Streuung beobachtet werden kann.

Die stark wechselwirkenden Teilchen *(Hadronen: Mesonen und Baryonen)* sind aus Quarks zusammengesetzt, deren Spins sich quantenmechanisch addieren. Experimente ergaben, dass jedoch der Gesamtspin z. B. des Protons nur zu einem Teil aus den Spins der Quarks stammt und man daher auch einen Bahndrehimpulsanteil z. B. von den ebenfalls vorhandenen Gluonen annehmen muss. Quantitativ ist die Frage nicht ganz geklärt.

Das für Systeme von Fermionen formulierte Pauli-Verbot beruht auf der Symmetrieforderung der Antisymmetrie bei Vertauschung von Teilchen. Im Fall der Baryonen wie des Protons, die aus drei Quarks zusammengesetzt sind, muss dieses Prinzip beachtet werden. Ein Anregungszustand Δ^{++} des Protons ist durch die $\pi + p$-Reaktion erreichbar, indem ein d-Quark sich in ein u-Quark umwandelt und einen Zustand $|uuu\rangle|\uparrow\uparrow\uparrow\rangle$ erzeugt, der nach Pauli zunächst verboten ist (analog für das $\Omega^- = |sss\rangle$ mit dem „strange" Quark s). Wie beim Periodensystem war das ein Anlass, eine weitere Quantenzahl einzuführen, die *Farbladung bzw. Color* in drei Farben, mit der die drei Quarks „unterscheidbar" und das Pauli-Prinzip gerettet wurden.

5.1 Schalenstrukturen in Atomen und Kernen

5.1.1 Atome mit ($\ell \cdot s$)-Kopplung

In Abschn. 3.2 wurde bereits die Kopplung von Spin und Bahndrehimpuls des Elektrons und die daraus resultierende Wechselwirkung als Ursache für die Feinstrukturaufspaltung der Energieniveaus des Wasserstoffs bzw. wasserstoffähnlicher Atome beschrieben. Aus Gl. 3.3 folgt für $s = 1/2$ die Eigenwert-Gleichung

$$\Delta U = const \cdot \frac{\hbar^2}{2} \left[j(j+1) - \ell(\ell+1) - \frac{3}{4} \right] \tag{5.1}$$

Das Vorzeichen des Skalarprodukts $\ell \cdot s$ ist von der relativen Orientierung der beiden Drehimpulse abhängig. Für einen Zustand mit $\ell = 0$ gibt es keine Aufspaltung, für $\ell \geq 1$ wird jedes Niveau in ein Dublett aufgespalten, und die Größe der Aufspaltung ist $\propto 1/3$ für $j = \ell + 1/2$ und $\propto 2/3$ für $j = \ell - 1/2$ mit der ursprünglichen Linie als Schwerpunkt, entsprechend einer Aufspaltung der Übergangsenergien in den Spektren.

Der Ursprung der Feinstrukturaufspaltung ist die elektromagnetische Wechselwirkung zwischen den Protonen des Kerns und den Hüllen-Elektronen und hat ein Vorzeichen, so dass für ein einzelnes Elektron außerhalb einer geschlossenen Schale der Zustand mit dem höheren j angehoben, der mit dem kleineren j abgesenkt wird (im Gegensatz zum Atomkern), s. Abb. 5.1.

Die Auffüllung der Elektronenschalen erfolgt nach dem Pauli-Prinzip, so dass kein Elektron die gleichen Quantenzahlen wie ein anderes haben kann. Genau das führt zur Bildung von *Schalen*. Bei diesen sind die Elektronen besonders fest gebunden. Diese Schalenabschlüsse entsprechen den Edelgasen im Periodensystem. Die Elektronenzahlen abgeschlossener Schalen liegen bei den *magischen Zahlen* der Elektronenhülle $Z = 2, 10, 18, 36, 54, \ldots$ Umgekehrt sind einzelne Elektronen außerhalb gebundener Schalen besonders leicht gebunden (Alkalien), ebenso wie ein einzelnes zu einer vollen Schale fehlendes Elektron *(Elektron-Loch)* (Halogene), und in beiden Fällen sind die Atome besonders reaktionsfreudig.

5.1.2 Kerne mit Spin-Bahn-, Spin-Spin- und Tensorkräften

Überraschenderweise fand man in der Systematik von Eigenschaften von Atomkernen Periodizitäten z. B. in Kernmassen, Kernbindungsenergien, Zerfalls-Halbwertszeiten etc. Diese wurden durch das Postulat eines Schalenmodells analog zum Schalenmodell der Atome durch J.H.D. Jensen (NP 1963), O. Haxel und H.E. Suess und Maria Goeppert-Mayer (NP 1963) erklärt. Für die Protonen bzw. Neutronen als Fermionen gilt das Paulische Ausschließungsprinzip (auch: „Pauli-Verbot") beim Einbau der Nukleonen in deren *Potentialtöpfe* für Protonen und Neutronen jeweils getrennt. So ließen sich sowohl die verschiedenen Nuklide und deren niedrige Anregungen deuten, nicht aber die Existenz von *Schalenstruk-*

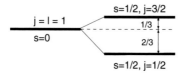

Abb. 5.1 Feinstrukturaufspaltung eines Zustandes mit Bahndrehimpuls $\ell = 1$ und Spin $s = 1/2$ in ein Dublett von Zuständen $j = 1/2$ (Multiplizität 2) und j= 3/2 (Multiplizität 4). Bei statistischer Besetzung der Zustände erfolgt die Aufspaltung entsprechend den statistischen Gewichten und dem Schwerpunkt auf dem unaufgepalteten Niveau

turen mit größeren Lücken bei bestimmten *magischen Zahlen* von Nukleonen und die genaue Folge von Anregungszuständen und deren Energien etc. Entscheidend für das Schalenmodell war wie beim Atom die Einführung einer Spin-Bahn-Kraft $\propto (\ell \cdot s)$, mit ℓ und s im einfachsten Fall dem Bahndrehimpuls und Spin des Einzelnukleons außerhalb einer geschlossenen Nukleonenschale („Extremes Einteilchen-Schalenmodell").

Abb. 5.2 zeigt die Aufspaltung der Einteilchen-Kernniveaus durch die Spin-Bahn-Wechselwirkung für Protonen bzw. für Neutronen. Die Lage der Niveaus ist an experimentelle Ergebnisse angepasst. Man sieht, wie für bestimmte Nukleonenzahlen die Energieabstände sehr groß sind und mit steigenden Quantenzahlen größer werden. Damit entstehen *magische Zahlen Z bzw. N* = 2, 8, 20, 28, 50, 82, 126 für Kerne besonderer Stabilität (noch ausgeprägter für *doppelt-magische Kerne* wie das $^{208}_{82}$Pb mit magischen Zahlen $Z = 82$ und $N = 126$). Bisher konnten neue Elemente bis Z = 118 an Beschleunigern erzeugt werden. Bei Z $\approx$ 126 erwartet man nach dem Schalenmodell eine „Insel der Stabilität". Die Spin-Bahn-Kraft entsteht bei Kernen nicht aus der elektromagnetischen, sondern hat ihren Ursprung in der starken Wechselwirkung. Die Kern-$(L \cdot S)$-Kraft ist stärker als die im Atom, und ihr Vorzeichen ist umgekehrt, d. h. das Niveau mit dem höheren Gesamtspin wird abgesenkt, umso stärker, je höhere Schalen (d. h. Hauptquantenzahlen und Bahndrehimpulsquantenzahlen) betroffen sind. Dadurch entstehen die Energielücken, die man als „Schalen" bezeichnet.

Zwischen Nukleonen gibt es auch eine *Spin-Spin (S · S)*-Kraft. Diese führt z. B. dazu, dass das Deuteron d als Zustand mit Gesamtspin 1 ein gebundenes n-p-System ist, das Singulett-Deuteron *d** aber nur als ungebundener *Streuzustand* existiert.

Eine weitere spinabhängige Kraft zwischen Nukleonen ist die *Tensorkraft*, die man sich analog zur Kraft zwischen zwei Stabmagneten vorstellen kann, die vom Abstand und der Orientierung der Dipole abhängt:

$$\propto \frac{3(S_1 \cdot r)(S_2 \cdot r)}{r^2 \hbar^2} - \frac{S_1 S_2}{\hbar^2}. \tag{5.2}$$

Die Tensorkraft ist daher keine *Zentralkraft*, und sie bewirkt u. a., dass das Deuteron eine Beimischung von wenigen % eines D-Zustandes mit $L = 2$ zum Grundzustand mit $L = 0$ erhält, was eine Deformation der Form des Deuterons erlaubt.

Betrachtet man die Nukleon-Nukleon-Kraft (p-p, p-n und n-n) bzw. deren Potential V_{NN} als Basis der Kräfte, die Kerne gegen die abstoßende Coulombkraft zusammenhalten, so wurden neben einem reinen Zentralkraftanteil $V_0(r)$, der für p-p die Coulombkraft enthält und nur vom Abstand r abhängt, mehrere spinabhängige Anteile empirisch nachgewiesen und auch theoretisch begründet:

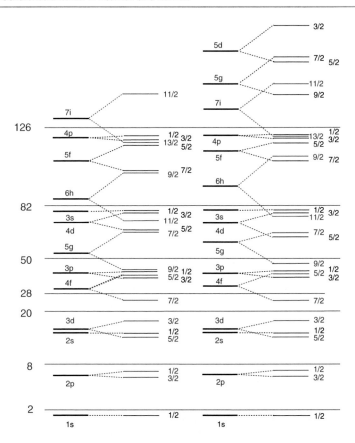

Abb. 5.2 Einteilchen-Kernniveauschemata für den sukzessiven Einbau von Protonen (links) bzw. Neutronen (rechts) in einen zwischen einem Harmonischen-Oszillator- und einem Woods-Saxon-gemittelten Topf-Potential. Die für die magischen Zahlen (blau) verantwortlichen Spin-Bahn-Aufspaltungen sind rot eingezeichnet. Die Quantenzahlen (z. B. 7i) links bezeichnen die Hauptquantenzahlen n des harmonischen Oszillators und den Bahndrehimpuls ℓ der jeweiligen Schale, wobei s, p, d, f, . . . ℓ = 0, 1, 2, 3, . . . entsprechen. Die Quantenzahlen rechts neben beiden Schemata sind die durch (ℓ · s)-Kopplung entehenden Gesamtdrehimpulse (auch: „Spins") der tatsächlichen Zustände

$$V_{NN}(r) = V_0(r) + V_{Spin-Spin}(r)\frac{S_1 S_2}{\hbar^2} \tag{5.3}$$

$$+ V_{Tensor}\left(\frac{3(S_1 \cdot r)(S_2 \cdot r)}{r^2 \hbar^2} - \frac{S_1 S_2}{\hbar^2}\right) \tag{5.4}$$

$$+ V_{Spin-Bahn}(r)(S_1 + S_2)\frac{L}{\hbar^2} \dots \tag{5.5}$$

Dieser *phänomenologische* Ansatz wurde mit der *Yukawa*-Theorie des Austauschs verschiedener Mesonen ($\pi, \rho, \omega, \dots$) erfolgreich untermauert, sodass eine sehr gute Übereinstimmung mit experimentellen Daten der NN-Wechselwirkung erzielt wurde. Allerdings ist dieser Ansatz der einer *effektiven* Wechselwirkung. Daher werden neuerdings aus den Niederenergie-Approximationen des Quarkmodells (QCD) abgeleitete *Effektive-Feldtheorien EFT* für fundamentalere Begründungen erfolgreich für diese Kraft herangezogen, die auch die Struktur leichterer Kerne beschreiben kann.

In diesem Abschnitt wird deutlich, dass das Studium der Spinabhängigkeit der Kernkräfte fundamental ist. Ohne das Wirken der Spin-Bahn-Kraft sind die Eigenschaften der meisten Kerne, aber auch das Verhalten bei Kernreaktionen bzw. -Streuung nicht zu verstehen (Beispiele: *Schalenmodell, Optisches Modell etc.*). Ganz analog gilt das auf der mikroskopischen Ebene der Quarks und Gluonen wie aller Teilchen des Teilchenzoos.

5.2   Spin in (Kern-)Reaktionen

In *abgeschlossenen* Systemen, auf die keine äußeren Kräfte oder Drehmomente einwirken, gelten die Erhaltungssätze für Energie, Impuls und Drehimpuls. Letzterer ist für den Bahndrehimpuls L klassisch erfüllt, wenn nur Zentralkräfte, also nur von r abhängige Kräfte wirken. Quantenmechanisch heißt das, dass der Bahndrehimpulsoperator L^2 und seine z-Komponente L_z mit dem Hamiltonoperator $\mathcal{H}$ vertauschen: $[L^2, \mathcal{H}] = [L_z, \mathcal{H}] = 0$. Bei Teilchen mit Spin gilt der Erhaltungssatz nur für den Gesamtdrehimpuls $J = L + S$. Für eine Zweiteilchen-Kernreaktion bedeutet das

$$a + b \rightarrow C \rightarrow c + d \tag{5.6}$$

$$s_a + s_b + \ell_{ein} = J = s_c + s_d + \ell_{aus}. \tag{5.7}$$

Der Zustand C ist nur bei *Compoundkernreaktionen* ein „echter" Zustand (auch: „Resonanz") mit einer Lebensdauer τ und Quantenzahlen wie J, Parität π etc., bei *direkten* (schnellen) Reaktionen nur ein fiktiver Zustand sehr kurzer Lebensdauer. Das führt zu Einschränkungen z. B. bei Kernreaktionen. Als Beispiel (s. Abb. 5.3) wählen wir die Reaktion

$$_1^3 H +_1^2 H \rightarrow _2^5 He^* \rightarrow _0^1 n +_2^4 He \tag{5.8}$$

Es sollte hier bemerkt werden, dass eine weitere Einschränkung durch die Erhaltung der *Parität* bei der starken Wechselwirkung besteht – d. i. die Invarianz eines Systems bei einer Spiegelung am Koordinatenursprung. Ein Zustand kann danach nur gerade Parität ($\pi = +$) oder ungerade Parität ($\pi = -$) haben. Kerne und Teilchen haben eine *intrinsische* Parität, daher ist die übliche Bezeichnung z. B. $J^\pi = 3/2^+$. In einer Kernreaktion kommt dazu die Parität der Relativbewegung im Ein- und Ausgangskanal, die wegen der Eigenschaften der Drehimpulseigenfunktionen in Polarkoordinaten $\pi = (-1)^\ell$ ist. Im Gegensatz zum Drehimpuls bzw. Spin ist die Parität eine multiplikative Quantenzahl, und für Kernreaktionen gilt

$$\pi_a \cdot \pi_b \cdot (-1)^{\ell_{ein}} = \pi_c \cdot \pi_d \cdot (-1)^{\ell_{aus}} \tag{5.9}$$

Es folgt daraus eine Einschränkung des Ausgangs-Bahndrehimpulses ℓ_{aus} in einer Kernreaktion, z. B. bei einer elastischen Streuung wird $(-1)^{\ell_{ein}} = (-1)^{\ell_{aus}}$, d. h. bei geradem ℓ im Eingangskanal sind ungerade ℓ im Ausgangskanal verboten. Der Zwischenzustand von $_2^5$He erscheint in einer Anregungsfunktion, bei der die auslaufenden Protonen als Funktion der Einschussenergie eines Deuteronenstrahls gemessen werden, als Resonanz bei $E_{Deuteron} = 105$ keV mit einer Breite $\Gamma = 128$ keV, entsprechend einer Lebensdauer von $\tau = \hbar/\Gamma = 4,7 \cdot 10^{-21}$ s (mit Heisenbergs Unschärferelation). Dies ist ein Beispiel aus dem Bereich *Teilchenspektroskopie/Kernreaktionen* dafür, wie man Spins von Kernzuständen bestimmen kann, und es gibt eine Reihe weiterer kernspektroskopischer Methoden, z. B. die γ-*Spektroskopie*.

Führt man Kernreaktionen z. B. an Beschleunigern durch, so kann man den Einfluss der Spinabhängigkeit der Kernkräfte dadurch studieren, dass man entweder die Teilchen im Eingangskanal polarisiert (was in Quellen spinpolarisierter Ionen geschehen kann) oder indem man die Spinpolarisation misst, die die auslaufenden Teilchen durch die Kernkräfte gewinnen. Wie dies durch die Wirkung einer $(L \cdot S)$-Kraft möglich ist, lässt sich an zwei vereinfachten Bildern in Abb. 5.4 für einen vollständig unpolarisierten und einen vollständig polarisierten Teilchenstrahl bei unpolarisiertem Target erläutern. Die schematischen Modellannahmen sind: keine

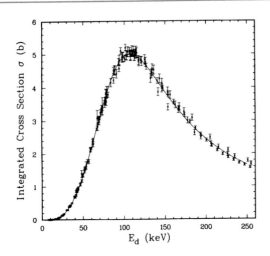

Abb. 5.3 Resonanz in der Anregungsfunktion von $_1^3\text{H} + _1^2\text{H} \to _2^5\text{He}^* \to _0^1\text{n} + _2^4\text{He}$. Mit der plausiblen Annahme, dass bei niedrigen Energien der relative Bahndrehimpuls des Eingangskanals L = 0 ist, kann der Spin des angeregten Zwischenzustandes von $_2^5He$ entweder $J = 3/2$ oder $J = 1/2$ sein. Eine genauere Analyse (die im Bild zum eingezeichneten Fit führt), bestätigt den Wert $3/2^+$. Für den Ausgangskanal mit einem Spin-1/2- und einem Spin-0-Teilchen beschränken die Drehimpuls- und Paritätserhaltung den Bahndrehimpuls des Ausgangskanals auf L = 2. Der auch mögliche Zwischenzustand mit $L = 0$, $J = 1/2$ wurde bei höherer Energie gefunden, und dieses „Splitting" kann durch eine Spin-Spin-Kraft erklärt werden. In diesem Fall kann L_{aus} nur 0 sein

Zentralkraft, nur eine reine Spin-Bahn-Kraft soll wirken, der Bahndrehimpuls ist durch $L = r \times p$ mit p dem Impuls der Projektile gegeben.

Durch die $(L \cdot S)$-Kraft entstehen also spinpolarisierte Teilchen, die mit entsprechenden Polarimetern bzw. anderen Kernreaktionen untersucht werden. Die Polarisation lässt sich mittels der Links-Rechts-Asymmetrie einer geeigneten Analysatorreaktion nachweisen. Viel intensivere polarisierte Ensembles mit hohen Polarisationswerten werden durch apparative Entwicklungen („polarisierte Quellen", „polarisierte Targets") ermöglicht und wurden (und werden) intensiv genutzt. Diese basieren z. B. auf dem Stern-Gerlach-Experiment oder anderen Methoden der Umbesetzung von Kernniveaus in verschiedenen Spinzuständen (Lambshift, Optisches Pumpen). Für Details s. Ref. [PGS12].

Als *Spinphysik* bezeichnet man die Physik, in der man sowohl die Eigenschaften spinpolarisierter Ensembles (Strahlen, Targets) als solche untersucht als auch den Einfluss des Spins (genauer: der Spinpolarisation) auf physikalische Phänomene

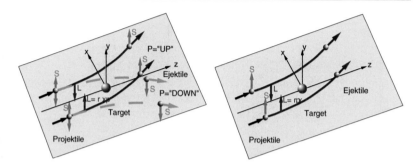

Abb. 5.4 Links: Ein vollständig *unpolarisierter Strahl* erfährt eine Aufspaltung in zwei entgegengesetzt polarisierte, aber gleich intensive Teilstrahlen. Die Analogie zum Stern-Gerlach-Experiment ist augenfällig. Rechts: Ein vollständig in y-Richtung *polarisierter Strahl* erfährt eine *Links-Rechts-Asymmetrie* der Intensität der auslaufenden Teilchen. Für eine Polarisation in der (-y)-Richtung würde die Streuung nach rechts stattfinden

bzw. Vorgänge wie Kernstruktur oder Kernreaktionen, aber auch die Struktur von Festkörpern. Im Bereich der Kerne war der Nachweis der Spinabhängigkeit der Kernkräfte fundamental, und das Studium von Polarisationsobservablen ergab eine Vielzahl von Messdaten zusätzlich zum einfachen Wirkungsquerschnitt, der nur die Intensität einer Kernreaktion misst.

Teilchenphysik
Auch im Bereich der Teilchenphysik sind die Methoden analog. Ein Beispiel ist die in vier Unterzuständen verschiedener Ladung auftretende Δ-*Resonanz* P_{33}, z. B. Δ^{++}, ein angeregter Zustand des Protons, sichtbar z. B. in der elastischen π^{+}-p-Streuung. Abb. 5.5 zeigt die Anregungsfunktion und die Winkelverteilung in der Resonanz. Die theoretische Behandlung von Resonanzreaktionen führt zu folgendem Ausdruck, der *Breit-Wigner*-Formel, die, was die Form der Resonanzkurve betrifft, analog zu klassischen Resonanzen ist, und die für Teilchen mit Spin so formuliert ist:

$$\sigma_{elastisch} = 4\pi\lambda^2 \frac{(2J+1)}{(2s_a+1)(2s_b+1)} \frac{\Gamma^2/4}{(E_R-E)^2+\Gamma^2/4}, \tag{5.10}$$

wobei s_a, s_b, J die Spins der Teilen a und b im Eingangskanal und der Gesamtspin der Resonanz sind, Γ die Breite der Resonanz und λ die reduzierte DeBroglie-Wellenlänge der einlaufenden Pionen. In unserem Fall vereinfacht sich die Formel zu

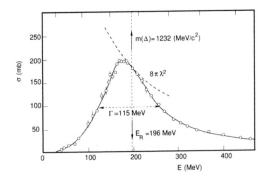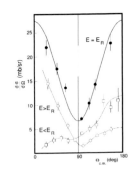

Abb. 5.5 Links: Resonanz in der Anregungsfunktion von $\pi^+ + p \rightarrow \Delta^{++} \rightarrow \pi^+ + p$.
E ist die kinetische Energie der einlaufenden Pionen bei einem ruhenden Wasserstofftarget.
Die Resonanz entspricht einem kurzlebigen Teilchenzustand Δ^{++} der Masse 1232 MeV/c².
Rechts: Winkelverteilung der Ejektile, die – in der Resonanz – der Vorhersage $\propto (1 + 3\cos^2 \Theta)$
für $J = 3/2$ entspricht, nicht aber für $J = 1/2$

$$\sigma_{elastisch} = \pi \lambda^2 \frac{(2J+1)\Gamma^2/4}{(E_R - E)^2 + \Gamma^2/4}. \tag{5.11}$$

und im Peak der Resonanz $(E = E_R)$

$$\sigma_{elastisch} = 2\pi\lambda^2(2J+1) \text{ experimentell } \approx 8\pi\lambda^2, \tag{5.12}$$

was $J = 3/2$ bedeutet. Für die Winkelverteilung der Protonen ergibt die Theorie
für J = 3/2

$$\frac{d\sigma}{d\Omega}(\Theta) \propto 1 + 3\cos^2 \Theta. \tag{5.13}$$

Das Ergebnis bedeutet, dass die Anregung des $\Delta-$Zustands durch einen Spinflip
eines der drei Quarks u, u, d, die das Proton ausmachen, erfolgt und deren Spins im
Δ^{++} parallel ausgerichtet sind (uuu).

5.3   Der Isospin

Wie in Abschn. 4.2 angedeutet, ist der Formalismus zur Beschreibung des Spins
(zumindest des Spin-1/2-Systems) viel allgemeiner nützlich, z.B. für das Konzept
des *Isospin (auch: Isobarenspins)*, s. auch Abschn. 3.6. Dieses beruht auf der Idee,
Proton und Neutron nicht als zwei verschiedene Teilchen, sondern als zwei Projektionen des Nukleonzustands $T_N = 1/2$ im Isospinraum auf zwei dritte Komponen-

ten $T_3 = \pm 1/2$ zu betrachten (da der Isospin kein Vektor im Raum ist, spricht man von T_3 anstelle von T_z). Dabei wird die Coulombkraft, die die Isospinsymmetrie bricht, zunächst nicht berücksichtigt. Durch diese Isospin-Brechung verschiebt sie die Energien der Isospin-Multiplettpartner.

Neben der formalen Analogie ist der Nachweis von vielen *Iso-Multipletts* mit *isobar-analogen* Eigenschaften interessant. Beispiele sind (ohne die Coulombkraft entartete) Dubletts wie ^{3}H $\leftrightarrow$ ^{3}He mit $T = 1/2$ oder Tripletts wie ^{14}C $\leftrightarrow$ ^{14}N $\leftrightarrow$ ^{14}O mit $T = 1$. Der Isospin als (approximative) Erhaltungsgröße bewirkt in Kernreaktionen Auswahlregeln bzw. Verbote. Die Coulombkraft bewirkt zwar die energetische Aufspaltung der Multiplettzustände, kann aber kleine Abweichungen der berechneten Energiedifferenzen nicht erklären („Nolen-Schiffer-Anomalie"). Diese können nur aus der starken Wechselwirkung stammen und sind daher ein (schwacher) Hinweis auf die zugrundeliegende Quarkstruktur der Nukleonen.

Das Isospinkonzept spielt eine bedeutende Rolle in der Kernspektroskopie ebenso wie bei der Klassifikation von Teilchen, z. B. im Fall des angeregten Nukleons Δ, das nicht nur den Spin $S = 3/2$, sondern auch den Isospin $T = 3/2$ hat, d. h. es gibt ein Quartett $\Delta^{++}, \Delta^{+}, \Delta^{0}, \Delta^{-}$, deren Massen sich nur aufgrund verschiedener Ladungen unterscheiden.

Spin in Festkörpern, „Spintronik" und „Magnonik"

6

Schon Heisenberg [HEI28] ordnete 1928 magnetische Eigenschaften von Festkörpern wie den *Ferromagnetismus* dem Verhalten von Elektronenspins zu. Er zeigte, dass die parallele Anordnung benachbarter Elektronenspins, wie sie für den Ferromagnetismus notwendig ist, zunächst energetisch ungünstig erscheint. Zusätzlich existiert eine rein magnetische Wechselwirkung, die schwach, aber längerreichweitig ist und die antiparallele Spinanordnung bevorzugt. Die Parallelanordnung der Spins ist danach nur durch den rein quantenmechanischen Effekt der *Austausch-Wechselwirkung* zwischen benachbarten Elektronen im Gitter des Festkörpers erklärbar (sie ist analog der Wechselwirkung, die die Bildung eines H_2-Moleküls aus zwei Wasserstoffatomen ermöglicht). Heisenberg benutzt Symmetrieargumente und das Pauli-Prinzip für die Erklärung des Ferromagnetismus in den Weissschen Bezirken der Größe $\approx 0,01\,\mu$m bis $1\,\mu$m mit der Reichweite der Spin-Spin-Austauschwechselwirkung.

Die Energie dieser *Spin-Spin-Wechselwirkung,* d. h. der Hamiltonoperator hat im einfachsten Fall die Form

$$\mathcal{H} \propto \Sigma_{i,j}\boldsymbol{\sigma}_i \cdot \boldsymbol{\sigma}_j, \tag{6.1}$$

wobei i,j die nächsten Nachbaratome bzw. Elektronenspins (je nach Modell in einer eindimensionalen Kette, einer Ebene – in diesen beiden Fällen gibt es keinen Ferromagnetismus – oder in einem dreidimensionalen Gitter – hier ist der Ferromagnetismus abhängig von der Gitterstruktur – bezeichnen. Unter besonderen Bedingungen, die nur für die wenigen Ferromagnete erfüllt sind (z. B. Elektronen in der 3f-Schale), ist das Vorzeichen dieser Wechselwirkung negativ, d. h. führt zur Parallelausrichtung der Spins. Heisenbergs Theorie erfuhr viele Verfeinerungen, die komplizierter sind und hier nicht dargestellt werden können.

In den *Weissschen Bezirken* sind bei Zimmertemperatur alle Elektronenspins nahezu vollständig ausgerichtet. Durch Ausrichtung dieser Bezirke in Magnetfel-

© Der/die Herausgeber bzw. der/die Autor(en), exklusiv lizenziert durch Springer Fachmedien Wiesbaden GmbH, ein Teil von Springer Nature 2020
H. Paetz gen. Schieck, *Spin – Was ist das eigentlich?*, essentials,
https://doi.org/10.1007/978-3-658-31360-9_6

dern erreicht man die makroskopische Magnetisierung von Materialien wie Eisen oder Nickel. Umgekehrt gibt es beim *Anti-Ferromagnetismus* eine Ordnung mit antiparallel ausgerichteten Spins.

Eine moderne Entwicklung besteht in der Erforschung (und auch Nutzung) von Spineigenschaften der Elektronen, besonders in Halbleitern. Bisher spielte bei der Informationsübertragung in Festkörpern der reine Transport von Leitungs-Elektronen bzw. Elektron-Löchern z. B. in Transistoren die Hauptrolle bei den vielfältigen Anwendungen als Verstärker, Schalter, integrierte Schaltungen oder logische Bauelemente. Dabei spielt der Leitungswiderstand eine Rolle und führt zu Verlusten durch Joulesche Wärme, die insbesondere bei zunehmender Komplexität der Geräte durch zusätzliche Kühlung abgeführt werden muss.

Bei *Spintronik* (eine Wortverbindung von Spin und Elektronik) handelt es sich darum, dass der Spin von Elektronen im Festkörper (Halbleiter) einen zusätzlichen Freiheitsgrad darstellt, den man z. B. zur Informationsübertragung vorteilhaft nutzen kann. Man erzeugt *spinpolarisierte* Ströme in diesen Materialien und nutzt die zusätzlichen Freiheitsgrade von Betrag und Richtung der Spinpolarisation für die Übertragung und Speicherung von Information. Die Information, die in Spinzuständen gespeichert ist, lässt sich im Prinzip ohne langreichweitige Bewegung von Ladungsträgern weitergeben, wenn man dafür sich fortpflanzende Spinwellen benutzt. Diese entstehen, wenn man annimmt, dass das (partielle) Umklappen von Elektronenspins sich durch Spin-Spin-Wechselwirkung auf Nachbarspins überträgt und dabei Energie und Information weitergibt. Das ist schneller und der Energieaufwand ist geringer als bei der reinen Bewegung der Ladungsträger selbst, die

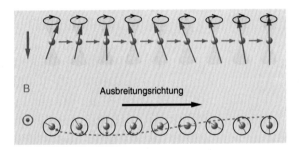

B   Ausbreitungsrichtung

Abb. 6.1 In einem ferromagnetischen Festkörper, der auch ein Isolator sein kann, sind benachbarte Spins z. B. durch eine Spin-Spin-Wechselwirkung gekoppelt. In einem Magnetfeld *B* präzediert jeder Spin mit seiner Larmorfrequenz unter einem bestimmten Winkel um die Magnetfeldrichtung. Ein magnetischer Impuls bewirkt, dass die Präzession sich ausbreitet. Es entsteht eine *Spinwelle,* im Teilchenbild ein *Magnon*

durch Spannungs- bzw. Stromimpulse ausgelöst wird. Abb. 6.1 zeigt schematisch, wie sich in einem System gekoppelter Spins nach einer (magnetischen) Anregung eine Spinwelle ausbreitet. Trifft eine Spinwelle auf eine Domänengrenze (Grenze eines vollständig spinpolarisierten Weissschen Bezirks), so kann im Nachbarbezirk ein vollständiger Umklappprozess stattfinden.

Eine aktuelle Weiterentwicklung besteht darin, dass gar keine Elektronen mehr bewegt werden, sondern die Information nur durch Spinwellen (Magnonen) in magnetischen Materialien) erfolgt, die durch magnetische Anregung ausgelöst werden, was noch schneller erfolgt und noch weniger Leistung benötigt als bei der Spintronik. Damit hofft man, zukünftige Computer, Speicher etc. noch schneller und leistungsfähiger als bisher zu machen. Eine der bisherigen Anwendungen ist die extreme Verkleinerung von Festplatten durch Nutzung des Riesen-Magnetwiderstandseffekts (Nobelpreis Grünberg und Fert 2007).

Anwendungen: Fusion, Kernspin-Tomographie, Hyperpolarisation

Wir haben bereits den Begriff der Polarisation eines Spinsystems als quantenmechanischer Erwartungswert von Spinoperatoren eingeführt:

$$P = \langle \sigma \rangle. \tag{7.1}$$

Wie schon ausgeführt, kann für ein Ensemble von Teilchen wie einen Teilchenstrahl oder ein Beschleunigertarget $P = |P|$ definiert werden als relative Differenz der Anzahl der vollständig in +z-Richtung ausgerichteten Teilchen N_+ und der in der Gegenrichtung $-z$ polarisierten N_-:

$$P = \frac{N_+ - N_-}{N_+ + N_-}. \tag{7.2}$$

Wenn wir uns auf Spin-1/2-Teilchen beschränken, reicht diese Definition vollständig für eine Beschreibung.

7.1 Fusion

Ohne im Einzelnen auf dieses Thema in diesem Rahmen einzugehen: Es gibt begründete Hinweise, dass sich die Fusionsreaktionen, die in zukünftigen Fusionsreaktoren (Tokomaks, Stellaratoren oder Laserfusionsanordnungen) eine Rolle spielen werden (wie die Reaktion $^3H + {}^2H \rightarrow {}^4He + n$), durch die Spinpolarisation der Brennstoffkerne (^2H, ^3He, ^3H) in verschiedener Hinsicht manipulieren lassen. So lässt sich eine Steigerung der Reaktionsrate dieser und anderer Reaktionen von bis zu 50 % vorhersagen, was definitiv den Schwellenwert, den „break-even-point" der Energiegewinnung aus Fusion, herabsetzen würde. Durch die Polarisation bzw. die

H. Paetz gen. Schieck, *Spin – Was ist das eigentlich?*, essentials, https://doi.org/10.1007/978-3-658-31360-9_7

Ausrichtung der Polarisationsrichtung der „Brennstoff"-Kerne lässt sich auch die Emissionsrichtung der Reaktionsprodukte wie α's und Neutronen steuern, z. B. zur Schonung des Reaktor-Blankets, über das der Reaktor Energie abgibt. Allerdings sind die technischen Schwierigkeiten der Produktion und Injektion **intensiver** polarisierter Teilchenstrahlen bzw. **dichter** polarisierter Targets in die geplanten oder im Bau befindlichen Reaktoren immens [CIU16, PGS12, PGS14].

7.2   Kernspin-Tomographie („MRT")

Abb. 7.1 zeigt die Energieaufspaltung, die ein Spin-1/2-System (z. B. Elektron oder Proton) in einem Magnetfeld B erfährt. Im Temperaturgleichgewicht sind die beiden Zustände ungleich besetzt. Bei einer Boltzmann-Verteilung bei der Temperatur T entsteht eine Polarisation

$$P = \frac{N_+ - N_-}{N_+ + N_-} = \tanh\left(\frac{1}{2}g_I\mu_K\hbar\frac{B}{kT}\right) \approx \frac{1}{2}g_I\mu_K\hbar\frac{B}{kT}, \qquad (7.3)$$

die bei tiefen Temperaturen und hohem Magnetfeld zunimmt. Durch Einstrahlen eines Radiofrequenzsignals mit der *Larmorfrequenz* $\omega_L = 2\pi\nu_L = g_I\mu_K B/\hbar$ mit $\mu_K = e\hbar/2m_p = 5{,}05 \cdot 10^{-27}$ J/T kann dann ein Übergang induziert werden, d. h. die Protonenspins werden „umgeklappt" und induzieren damit ein nachweisbares Resonanzsignal (nmr = nuclear magnetic resonance). Für ein Magnetfeld von 1 Tesla beträgt die Resonanzfrequenz $\nu_L = 42{,}58$ MHz. In einem magnetischen Gradientenfeld bei fester Radiofrequenz wird die Resonanz ortsabhängig, und somit werden Schnittbilder der Protonenverteilung in verschiedenen Körperebenen möglich, was zu den faszinierenden Kernspin-Aufnahmen aus dem Körperinneren führt, an die sich die Menschen bereits so gewöhnt haben. Technisch gesehen steckt in den modernen Tomographen sehr viel Detailentwicklung einschließlich der Verwendung supraleitender Magnetspulen, da höhere Felder bessere Bilder liefern.

7.3   Weitere Spin-Anwendungen

Es sollen hier nur kurz erwähnt werden:

- Kernspin-Bildgebung mit anderen Kernen, z. B. *(hyperpolarisiertem)* ^{3}He mit Kernspin $I = 1/2$, bei dem die Anfangspolarisation durch kern- oder atomphysikalische Methoden (z. B. *Optisches Pumpen*) in die Nähe von $P = 1$ gebracht

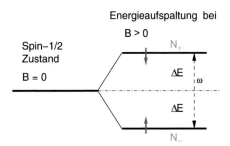

Abb. 7.1 Energieaufspaltung eines Spin-1/2-Systems in einem Magnetfeld, z.B. eines Ensembles von Protonen. Strahlt man eine Hochfrequenz mit $\omega = \frac{g_I \mu_K B}{\hbar}$ ein, kann ein Übergang in den höheren Zustand erfolgen, wenn vorher eine Ungleichbesetzung vorliegt

wird und nach Einatmen des ^{3}He-Gases tomographische Aufnahmen der Lunge möglich sind.

- Analog für das Gehirn mit hyperpolarisiertem ^{129}Xe.
- Nichtbildgebende Kernspin-Resonanz-Methoden *(nmr)* in der chemischen Strukturanalyse: z.B. „chemical shift" der Kernresonanz in Abhängigkeit vom chemischen Bindungstyp.
- Electron Spin Resonance *(esr,* auch *electron paramagnetic resonance)* zur Analyse von Atomen und Molekülen mit ungepaarten Elektronen äußerer Hüllen, z.B. beim Studium von Radikalen.

Was Sie aus diesem *essential* mitnehmen können

- Wie sich durch ein paar Beobachtungsergebnisse, hier zum Thema Spin, sehr schnell eine passende „neue" Mathematik bzw. Theorie entwickelt hat, die auch das physikalische Weltbild radikal verändert hat: Verwendung komplexer Zahlen, Matrizen, Wellenfunktionen, Symmetrien, gruppentheoretische Eigenschaften, Unschärferelation etc. , Paulisches Ausschließungsprinzip, Spin und Statistik der Fermionen und Bosonen etc.

- Wie man sich bei der modernen Quantenmechanik daran gewöhnen muss, Vorstellungen zu akzeptieren, die mit unserer „klassischen" Anschauungswelt nicht verstehbar sind. Neben dem Spin gehören dazu die von Einstein nicht akzeptierte „spukhafte Fernwirkung" zwischen *verschränkten* Quantenzuständen, die vielfach bestätigt ist, das „Paradoxon" von *Schrödingers Katze* u. v. a.

- Wie scheinbar abstrakte und anwendungsfreie Objekte (und auch Mittel) der Grundlagenforschung wie der Spin ungeahnte Anwendungen in der Medizin, Material- oder Energieforschung finden können.

© Der/die Herausgeber bzw. der/die Autor(en), exklusiv lizenziert durch Springer Fachmedien Wiesbaden GmbH, ein Teil von Springer Nature 2020
H. Paetz gen. Schieck, *Spin – Was ist das eigentlich?*, essentials,
https://doi.org/10.1007/978-3-658-31360-9

Glossar

Atome	Bausteine der Elemente, charakterisiert durch die Kernladungszahl Z = Anzahl der Protonen und Elektronen im neutralen Atom; bisher bis Z = 118.
Moleküle	Verbindungen von Atomen, die durch verschiedene Kräfte zusammengehalten werden.
Kerne	bilden das Zentrum der Atome; sie bestehen i. a. aus Protonen und Neutronen; über die Coulombkraft zwischen ihnen und den Hüllen-Elektronen halten sie die Atome zusammen.
Teilchenzoo	Vielzahl aller *elementaren* und aus Quarks *zusammengesetzten* Teilchen (Fermionen und Bosonen).
Bosonen	Teilchen mit ganzzahligen Spins, Vermittler der Austausch-WW-Kräfte.
Fermionen	Teilchen mit halbzahligen Spins, u. a. Bausteine der Materie.
Gluonen	Vermittler der starken WW, binden Quarks aneinander, wechselwirken aber auch mit sich selbst.
Hadronen	*Stark,* aber auch schwach, ggf. auch elektromagnetisch wechselwirkende Teilchen. Zu ihnen gehören die Mesonen und die Baryonen.
Leptonen	Elektromagnetisch und schwach wechselwirkende Elementarteilchen.
Schalenmodell	– der Elektronen der Atomhülle: erklärt periodische Eigenschaften der Atome im Periodensystem der Elemente.
	– der Nukleonen im Kernpotential: erklärt periodische

H. Paetz gen. Schieck, *Spin – Was ist das eigentlich?*, essentials, https://doi.org/10.1007/978-3-658-31360-9

	Eigenschaften der Kerne insbesondere in der Nähe abgeschlossener Schalen der Protonen und/oder Neutronen.

Standardmodell   Modell aus 6 Quarks, 6 Leptonen und deren Antiteilchen als Bausteine, 8 Gluonen, γ, $W^{\pm}$, Z^0 als Vermittler der drei Wechselwirkungen und dem Higgs-Boson H als Quant des Higgsfeldes, das die Teilchenmassen generiert.

Wirkungsquerschnitt   Maß für die Häufigkeit einer Kern- bzw. Teilchenreaktion; hat die Dimension *barn (b)* mit $1b = 10^{-24}\,cm^2$.

Teilchenenergie $1\,MeV = 1{,}602 \cdot 10^{-13}\,J$ ist die kinetische Energie, die ein Teilchen mit der Elementarladung e beim Durchlaufen einer Spannung von 1 Mio. V gewinnt.

Literatur

[COM21] Compton A K, Journ. Frankl. Inst., Aug. 1921, p. 145
[DEN27] Dennison D M: A Note on the Specific Heat of the Hydrogen Molecule. In: Proc. of the Royal Society of London **A115**, 483 (1927)
[DEN74] Dennison D M, *Recollections of physics and of physicists during the 1920's*, Am. J. Phys. **42**, 1051 (1974)
[EST33] Estermann I, Stern O, Z. Phys. **47**, 151 (1933)
[GOU26] Goudsmit S, Uhlenbeck G E, Nature **117**, 264 (1926)
[GOU25] Goudsmit S, Uhlenbeck G E, Die Naturwissenschaften **47**, 953 (1925)
[GER21] Gerlach W, Stern O, Z. Physik **8**, 110 (1921)
[GER22] Gerlach W, Stern O, Z. Physik **9**, 349 und 353 (1922)
[FEY67] Feynman R, *Vom Wesen physikalischer Gesetze*, R. Piper GmbH & Co KG, München (1990), Deutsche Übersetzung von Feynman R, *The Character of Physical Law*, The M.I.T. Press, Cambridge, Mass. & London (1967)
[HEI28] Heisenberg W, Z. f. Physik **49**, 619 (1928)
[HEI27] Heisenberg W, Z. f. Physik **41**, 239 (1927)
[KAP29] Kapuscinski W, Eymers J G, Proc. Roy. Soc. **A122**, 58 (1929)
[PDG18] Tanabashi M et al., Particle Data Group, Phys. Rev. **D98**, 030001 (2019)
[PRE20] Pretz J, Physik Journ. **20**, 22 (2020)
[THO26] Thomas L H, Nature **117**, 517 (1926)
[URE32] Urey H C, Brickwedde F G, Murphy G M, Phys. Rev. **40**, 1 (1932)

Weiterführende Literatur

[CIU16] Ciullo G et al., Eds., *Nucl. Fusion with Polarized Fuel*, Springer Proc. in Physics **187**, Springer Int. Publ. AG, Switzerland (2016)
[MAY02] Mayer-Kuckuk T, *Kernphysik*, 7. Auflage, Teubner, Stuttgart (2002)
[MAY97] Mayer-Kuckuk T, *Atomphysik*, 5. Auflage, Teubner, Stuttgart (1997)
[PGS12] Paetz gen. Schieck H, *Nuclear Physics with Polarized Particles*, Lecture Notes in Physics **842**, Springer, Heidelberg (2012)
[PGS14] Paetz gen. Schieck H, *Nuclear Reactions – An Introduction*, Lecture Notes in Physics **882**, Springer, Heidelberg (2014)

© Der/die Herausgeber bzw. der/die Autor(en), exklusiv lizenziert durch Springer   57
Fachmedien Wiesbaden GmbH, ein Teil von Springer Nature 2020
H. Paetz gen. Schieck, *Spin – Was ist das eigentlich?*, essentials,
https://doi.org/10.1007/978-3-658-31360-9

[SCH11] Schmidt-Böcking H, Reich K, *Otto Stern – Physiker, Querdenker, Nobelpreisträ-ger*, Goethe-Universität Frankfurt, Societätsverlag, Frankfurt (2011)

[SIM95] Simonyi K, *Kulturgeschichte der Physik*, Verlag Harri Deutsch, Thun und Frank-furt (1995)

[TOM97] Tomonaga S I, *The Story of Spin*, The University of Chicago Press, Chicago (1997)

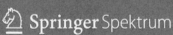